これで安心！自然観察

ご近所の キケン動植物 図鑑

著 **谷本雄治**　マンガ・イラスト **一日一種**
監修　**貝津好孝・三田村敏正**

小峰書店

もくじ

マンガ「ご近所のキケン動植物って？」……… 2
この本の見かた ……………………………… 6
安全な野外活動のために …………………… 8

マンガ「キケン動植物とわたしたちのこれから」144
もしものときのために ……………………… 146
さくいん ……………………………………… 150

第1章 家のまわり …… 9
家のまわりのキケンな動植物 ……… 10

動物

スズメバチ ……………… 12	アオバアリガタハネカクシ …………………… 33
アシナガバチ …………… 14	ツチハンミョウ類 ……… 34
ドクガ類 ………………… 18	アオカミキリモドキ …… 35
イラガ類 ………………… 20	ミイデラゴミムシ ……… 35
マダニ …………………… 22	ヨコヅナサシガメ ……… 36
蚊 ………………………… 24	アライグマ ……………… 38
ジャンボタニシ ………… 26	ハクビシン ……………… 40
アフリカマイマイ ……… 27	カラス …………………… 42
カバキコマチグモ ……… 30	
ムカデ …………………… 31	

植物

イチョウ ………………… 46	イチイ …………………… 58
スイセン ………………… 48	ソテツ …………………… 59
チョウセンアサガオ類 … 49	アセビ …………………… 60
スズラン ………………… 50	フクジュソウ …………… 60
キョウチクトウ ………… 51	ヒガンバナ ……………… 61
クリスマスローズ ……… 52	ヨウシュヤマゴボウ …… 62
チューリップ …………… 53	クサノオウ ……………… 64
ジギタリス ……………… 54	トウダイグサ …………… 65
クワズイモ ……………… 54	トウアズキ ……………… 65
レンゲツツジ …………… 55	ナガミヒナゲシ ………… 66
プリムラ ………………… 55	サンショウ ……………… 67
アジサイ ………………… 56	ナワシロイチゴ ………… 67
オシロイバナ …………… 56	ワルナスビ ……………… 68
アサガオ ………………… 57	アレチウリ ……………… 68
ナンテン ………………… 57	ママコノシリヌグイ …… 69

第2章 野や山 …… 73
野山のキケンな動植物 ……… 74

動物

ヤマカガシ ……………… 76	ヤマビル ………………… 80
マムシ …………………… 78	マツカレハ ……………… 81
ハブ ……………………… 79	サソリモドキ …………… 81
	クマ ……………………… 82
	サル ……………………… 86
	イノシシ ………………… 88
	キョン …………………… 89
	グリーンイグアナ ……… 90

植物・菌類

ツタウルシ ……………… 91	アオツヅラフジ ………… 108
ヤマウルシ ……………… 92	シキミ …………………… 109
ヌルデ …………………… 93	キケマン ………………… 109
センニンソウ …………… 94	クララ …………………… 110
イラクサ ………………… 95	ヒョウタンボク ………… 110
タケニグサ ……………… 96	マムシグサ ……………… 111
タラノキ ………………… 97	ホウチャクソウ ………… 111
ノイバラ ………………… 97	エゴノキ ………………… 112
トリカブト ……………… 100	ユズリハ ………………… 112
ドクウツギ ……………… 102	
シャグマアミガサタケ …………………… 103	
カエンタケ ……………… 104	
バイケイソウ …………… 105	
ハシリドコロ …………… 108	

第3章 水辺 ……… 113
水辺のキケンな動植物 ……… 114

池や川などの動物

アマガエル ……… 116	カミツキガメ ……… 120
ヒキガエル ……… 117	マツモムシ ……… 122
アカハライモリ ……… 118	コオイムシ ……… 122
ヌートリア ……… 119	

池や川などの植物

ドクゼリ ……… 123
キツネノボタン ……… 124
タガラシ ……… 124

海の動物

カツオノエボシ ……… 128	ヤシガニ ……… 138
アンドンクラゲ ……… 130	ゴンズイ ……… 139
アンボイナ ……… 131	アカエイ ……… 140
ヒョウモンダコ ……… 132	ヒラムシ ……… 141
オニヒトデ ……… 133	海ぞうめん ……… 141
ガンガゼ ……… 136	
スベスベマンジュウガニ ……… 137	

キケン！新聞

■ スズメバチの世界に異変！？
スズメバチ研究家・中谷康弘さんに聞く ……… 17

■ クマはヒトを観察する
東京農工大学教授・小池伸介さんに聞く ……… 85

■ 立ちどまって考えよう
福島中医学研究会会長・貝津好孝さんに聞く ……… 107

■ 身近な生きものを守れ！
水生昆虫研究家・三田村敏正さんに聞く ……… 127

クローズアップ！

見かけだおしのイモムシ・ケムシ ……… 21
赤はアカん!? キケンな外来種！ ……… 28
不快害虫を見なおそう！ ……… 32
ブキミな現象!? 害はないの？ ……… 37
見た目がコワ～い動植物！ ……… 44
とにかくはびこる外来種！ ……… 70
ペットが食べたらいけない植物 ……… 72
食べられるけど要注意の植物！ ……… 98
水辺の外来植物 ……… 125
温暖化で分布を広げるキケン生物 ……… 134
船でやってきた外来種 ……… 142

この本の見かた

おもなページの内容を紹介します。

● アイコン
動植物ごとの注意すべきポイントを
5種類のアイコンで表しています。

● 危険度
事故が起きた場合の危険性の目安を表しています。

★★★…命の危険がある。
★★☆…重傷・重症のおそれがある。
★☆☆…軽傷・軽症ですむ。

● 出あいやすさ
家のまわり、野山、水辺での遭遇のしやすさの目安です。

★★★…よく見かける。
★★☆…ひんぱんではないが、見かけることがある。
★☆☆…見かけることは少ない。

動植物の紹介

キケン！新聞

動植物を研究してきた専門家へのインタビューです。キケン動植物の最近の動向や、専門家ならではの避け方・よけ方、野外で注意すべきポイントを紹介します。

ここがキケン！ 急性のアレルギー症状に要注意！

オオスズメバチだけでなく、キイロスズメバチやコガタスズメバチも危険で、毎年20人前後が亡くなっている。巣が最大になる9〜11月は、とくに気をつけたい。庭木や軒下にも巣をつくる。

ハチを刺激しないように、黒っぽい服装やにおいの強いものを身につけるのは避けたほうがいい。大あごをカチカチさせたら最後の警告だから、腰をかがめて、その場からゆっくり逃げかえろう。

刺されてこわいのはハチ毒がもたらす急性のアレルギー症状（アナフィラキシー・ショック）で、命にかかわる。くしゃみやじんましん、めまい、息苦しさを感じたら、すぐに病院でみてもらおう。

＋刺されたら→p146を見よう

おっかない外来種
長崎県対馬市で、2012年に新しいスズメバチが見つかった。外来種のツマアカスズメバチだ。大きさは、キイロスズメバチくらい。中国・インドなどが原産で、韓国を通って入ったとみられる。数年で九州東部に広がり、山口県でも見つかった。2015年には、特定外来生物に指定された。

人間を積極的におそうことはないが、しつこく追いまわすという報告がある。ミツバチをおそうため、養蜂家は警戒する。ほかのスズメバチと同じように、注意が必要だ。

ツマアカスズメバチ（環境省HPより）

● **事故の場合の対処**
とくに危険な動植物については、事故の場合の対処法を巻末のページで示しています。

● **特定外来生物アイコン**
外来生物の中でも、生態系、人の生命・身体、農林水産業に被害をあたえる、またはあたえる恐れがあるとして、国が特に指定したものを表しています。これらの生物は野外に放したり、飼育したりすることなどが禁じられています。

● **体験談**
著者・谷本雄治さんのドキッとしたり、ヒヤリとしたりした体験を紹介（＊見開きページのみ）。

● **動植物の大きさ**
それぞれの動植物の平均的な大きさをシルエットで示しています。

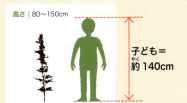

クローズアップ！

外来種の問題、見た目がブキミだったりコワかったりする動植物、食べ方を誤ると害になる植物などを紹介。自然への興味が高まる話題をとりあげています。

安全な野外活動のために

　学校の授業や移動教室、家族で野外活動をするときにおすすめの服装などを紹介しよう。持ち物や身につけるものは目的によって変わるが、肌を出さないかっこうをし、帽子をかぶるのが基本だ。

野山

川遊び・磯遊び

- **つばのある帽子**　頭を守り、日差しや冷たい風を避ける。
- **長そで**
- **長ズボン**
- **歩きやすいくつ**

- **つばのある帽子**
- **長そでのTシャツやラッシュガードなど**
- **ウオーターシューズなど**　水中でもすべりにくく足を保護するくつをはこう。

あると便利なもの

- **虫よけスプレー**　蚊やマダニ、ヤマビルなどを避ける効果がある。

- **粘着テープかセロハンテープ**　ケムシの毒針毛やイラクサのとげを取りのぞく。

- **ばんそうこう**　傷口を保護する。

- **ピンセットや毛抜き**　マダニや、ケムシの毒針毛を取り除く。

- **消毒薬**　刺されたり、かまれたりした傷口の消毒に使う。

- **塗り薬***　かゆみをおさえる抗ヒスタミン剤入りや、炎症をおさえるステロイド系などがある。

＊塗り薬については、お子さまの体質との兼ね合いがあるので、購入の際には必ずおとなの方が付き添ってください。必要なら、かかりつけの医師にご相談ください。

家のまわりのキケンな動植物

ふだんの暮らしでは、とくに意識していないけれど、家のまわりにはさまざまな環境がある。そこには意外なほどさまざまな動植物が生息していたり、植えられていたりする。ここではおもなキケン生物に出あってしまいそうな場所を見てみよう。

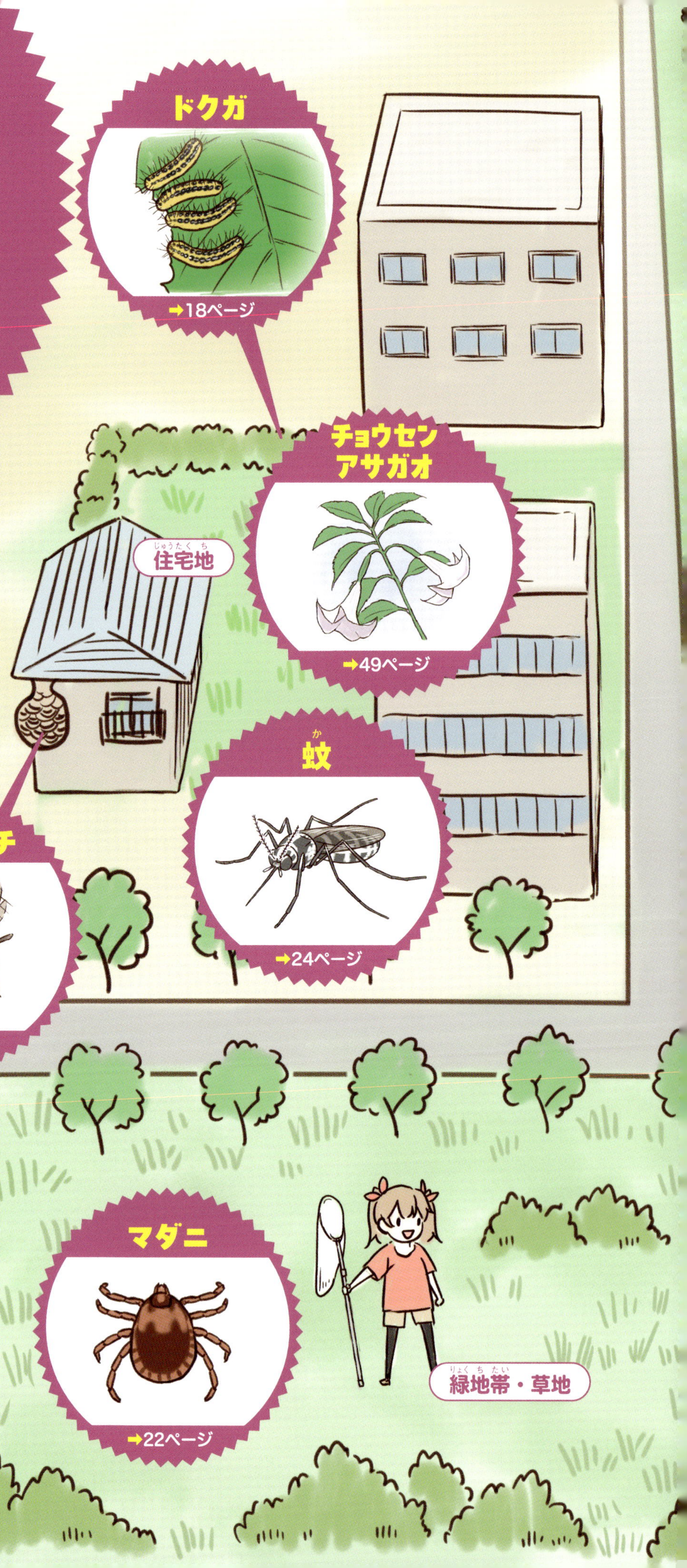

ドクガ →18ページ

チョウセンアサガオ →49ページ

住宅地

スズメバチ →12ページ

蚊 →24ページ

マダニ →22ページ

緑地帯・草地

スズメバチ

毒がこわい
近づくな！
命の危険

分類：昆虫類ハチ目　分布：日本全国

カチカチ音は「刺すぞ！」の最終警告

キケン度データ

危険度	★★★
出あいやすさ	★★★
場所	平地〜低山の森林。住宅地にも。
被害の多い時期	秋
おもな被害	痛み・はれ・急性のアレルギー症状

体長：オオスズメバチ：26〜38mm
キイロスズメバチ：17〜26mm
（いずれも働きバチ）

キイロスズメバチ　実際の大きさ

達人だって泣かされる

「ものすごくはれたし、頭が痛いのなんのって……」。自然観察の達人に、コガタスズメバチに首を刺されたときの体験談を聞いた。ずっと前のことなのに、顔をゆがめて話すんだ。ぼくは刺されたことがない。尊敬する人だけど、その体験だけは遠慮したいね。

豆ちしき　なんともやっかいなスズメバチだが、自然界では害虫をえさにして農家を助け、特殊な植物の花粉を運ぶ。伝統食「ハチの子」にもなってきた。近年はまゆからとれる「ホーネットシルク」を人工血管やスポーツドリンク、化粧品など医療や生活の面で役立てようという研究も進んでいる。

ここがキケン！ 急性のアレルギー症状に要注意！

オオスズメバチだけでなく、キイロスズメバチやコガタスズメバチも危険で、毎年20人前後が亡くなっている。**巣が最大になる9〜11月は、とくに気をつけたい。**庭木や軒下にも巣をつくる。

ハチを刺激しないように、**黒っぽい服装やにおいの強いものを身につけるのは避けたほうがいい。**大あごをカチカチさせたら最後の警告だから、腰をかがめて、その場からゆっくり遠ざかろう。

刺されてこわいのはハチ毒がもたらす急性のアレルギー症状（アナフィラキシー・ショック）で、命にかかわる。くしゃみやじんましん、めまい、息苦しさを感じたら、すぐに病院でみてもらおう。

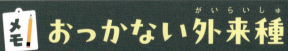

刺されたら→p146を見よう

メモ！ おっかない外来種

長崎県対馬市で、2012年に新しいスズメバチが見つかった。外来種のツマアカスズメバチだ。大きさは、キイロスズメバチくらい。中国・インドなどが原産で、韓国を通って入ったとみられる。数年で九州東部に広がり、山口県でも見つかった。2015年には、特定外来生物に指定された。

人間を積極的におそうことはないが、しつこく追いまわすという報告がある。ミツバチをおそうため、養蜂家は警戒する。ほかのスズメバチと同じように、注意が必要だ。

ツマアカスズメバチ（環境省HPより）

毒がこわい

近づくな！

アシナガバチ

分類：昆虫類ハチ目　分布：日本全国

やせ型だけど甘くみるな！

キケン度データ

危険度	★★☆
出あいやすさ	★★★
場所	平地〜低山。住宅地にも。
被害の多い時期	夏
おもな被害	痛み・はれ・急性のアレルギー症状

体長｜8〜25mm

セグロアシナガバチ　実際の大きさ

➕ 刺されたら➡ p146を見よう

ここがキケン！ スズメバチと同じ対応を

こわいハチというと、がっしりした体格のスズメバチを思い浮かべる。でも実際に見るハチは、アシナガバチのほうがずっと多い。

長い後ろあしをだらんと下げて飛ぶからアシナガバチという名前になったそうだが、**見かけとちがって、刺されるととても痛い**。甘くみると、たいへんなことになる。ショック症状を起こす心配もあるので、スズメバチの場合と同じように注意しよう。

アシナガバチは**家の軒下や庭木、ベランダ、物置など、身近なところにもよく巣をつくる。とくに注意したいのは、洗たく物だ**。気づかずに屋内にとりこむと、チクッと刺す。お手伝いをしてハチに刺されたら、かなしくなるよね。

⚠ 雨風をしのげる軒下などに巣をつくることが。見つけたら、おとなに知らせよう。

 豆ちしき　アシナガバチの働きバチは、幼虫のためにイモムシをつかまえる。えものの体液は自分のごちそうにし、肉はだんごにして巣に運ぶ。幼虫は肉だんごのお返しに、栄養剤のような液体を働きバチにあたえる。子どもである幼虫からごほうびをもらうなんて、おもしろい習性だ。

相手を知って身を守れ！

あぶないハチというとスズメバチやアシナガバチが頭に浮かぶが、そのほかにも気をつけたいハチはいる。種類でいえばミツバチ、マルハナバチ、クマバチなどだ。それぞれの特徴を知って、キケンを避けよう。

ミツバチ

ミツバチには、セイヨウミツバチとニホンミツバチの2種がいる。基本的にはおとなしいが、巣が荒らされそうになると、ガラッと変わる。

キケンを感じたら、静かにその場を離れよう。活動が活発な春と秋は、とくに気をつけようね。

分類：昆虫類ハチ目　**分布**：本州～九州(日本種)
場所：畑・草原など　**体長**：10～20mm

マルハナバチ

マルハナバチは、国内で数種見られる。ミツバチよりもおとなしいといわれるが、大声を出したり、急に動いたりして刺激するのはよくない。

野山では、いろんな花のみつを吸っている。基本的に、肌が見えない服装を心がけることだね。

分類：昆虫類ハチ目　**分布**：本州・九州など(日本種)
場所：おもに里山　**体長**：20mm程度

クマバチ

クマバチのオスとメスは、その顔で見分けられる。オスは三角形の〝鼻〟が目立ち、写真のように顔全体が黒ければメスだ。刺すのはメスで、オスなら心配ない。

メスは、花から花へと飛びまわる。追い払おうとしないで、そっと遠ざかるのが賢明だ。

分類：昆虫類ハチ目　**分布**：本州～九州
場所：住宅地・森林など　**体長**：20mm程度

【速報】　キケン！新聞　2025年1月12日

スズメバチの言いぶん
一日一種

取材を終えて

ハチとの付き合いが長い研究家の話だけにどれも説得力があり、良い勉強になった。その一方で、ハチたちの事情もわかった。被害がふえた原因は、人間にもある。

ハチに人間のことばが通じればいいのだが、そうはいかない。だからこそ日ごろから、ハチについて知っておく必要があると思った。

インタビューしたのは……

中谷康弘（なかたに・やすひろ）さん

スズメバチ研究家。大学でアシナガバチやドロバチの研究をしたのをきっかけに、スズメバチ類の観察・研究に取り組む。橿原市昆虫館（奈良県）に長く勤務。現在はハチだけでなく、昆虫全般の観察や知識の普及に努めている。

困ったときは器具頼み

中谷さんはオオスズメバチだけで5回、スズメバチ全体では20回も刺された。いざという時のために、毒を吸いとる「ポイズンリムーバー」という針のない注射器のような器具を持ち歩くが、**事前の練習が欠かせない**という。

それがなかなか難しい。皮ふにうまく、密着しない。正しくすばやく扱えない。

↑ポイズンリムーバーの一例。商品によって、吸引のしかたが異なる。

↑吸引すると、患部がぷくんとふくらむ。

と、毒がまわってしまう。

「うまく使えないなら、口で吸うほうがいいこともあります。口の中に傷がある人にはすすめませんが……」

毒による反応は、個人差も大きいようだ。中谷さん自身、湿疹が出ただけで済んだことがあれば、全身がだるくなったこともある。**器具があるなら、その場になって困らないように、しっかり練習しておこう。**

オオスズメバチがふえたと感じる人も多いです。 樹液の出る木が減って、よけいにそう見えるのでしょうね」

秋にはよく、駆除を頼まれる。多い年には9月だけで30件の依頼があったと中谷さんは話す。

振動に気をつけて

スズメバチに出あったら、どうすればいいのか。

どんなことに気をつけるといいのだろう。

「草刈り作業などの意識しない振動がキケンです。巣が近くにあると、ハチは攻撃の準備をします。**頭を低くして、20メートルぐらい走って逃げてください**」

うずくまると警報フェロモンを出してなかまを呼び寄せるので、よりキケンだ。回転運動には強く反応する。驚いて、手をばたつかせるのもハチを刺激するのでよくない。

「**ハチに目をつけられやすい黒い服装は避ける。巣に気づいたら、2、3メートル以内には近づかない**」。それも大きな対策ですよ」

体験から得た、中谷さんの基本的なアドバイスだ。

スズメバチの世界に異変!?

習性よく知りトラブルさけよう

↑民家の軒下に巣をつくったキイロスズメバチ（奈良県桜井市で＝中谷康弘さん提供）

スズメバチ関連のニュースが多い。それほどふえたのか？出会ったら、どうすればいいのだろう。スズメバチ研究家の中谷康弘さんに聞いた。（谷本雄治）

「ニュースがふえたのは、スズメバチへの関心が高まったからではないですか」

40年近くハチとかかわってきた経験から、中谷さんはそれほどふえていないと感じている。

スズメバチの事情

おもなスズメバチはオオスズメバチ、キイロスズメバチ、コガタスズメバチの3種。このうち見る機会がふえたのは、キイロスズメだと指摘する。

「都市や住宅の開発により、山奥のすみかを失った。そ

れでまちにすむことにしたため、人目につくようになったのでしょう」

キイロスズメバチは、巣づくりの場所にあまりこだわらない。

山小屋や民家の軒下、雨戸をしまう戸袋、下水のふたの裏、ドラム缶や石のすきまだって利用する。巣がせまくなると、新しい場所に引っ越して、大きな巣をつくる。

「えさにも柔軟なんです。かつては樹液とか花のみつだったのに、ハエやアブも食べるし、缶ジュースの残りも吸う。しかも動きがす

すみかを追われて

ばやく、どこにでも出かけて狩りをするんです」

そんな習性もあって、あちこちで見かけるようになったのだろうというのが中谷さんの推理だ。

キイロスズメバチ、コガタスズメバチは、オオスズメバチに追われてしかたなく、人間の近くに来た。そうしたら公園にはいろんな樹木、民家には生垣があったから、くらしに困らない。

最大種のオオスズメバチは温度が低く、安全な場所に巣をつくる。土手や竹林、雑木林の木の根っこで巣を見るのはそのためだ。

「樹液を吸いに何度も行き来するので、それを見てオ

↑オオスズメバチ。世界最大のハチで、おもに山林でくらす。

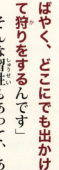

キケン！新聞

2025年1月12日
キケン！新聞社
東京本社

今日の格言

敵を知り、
己を知れば、
百戦危うからず

孫子

……敵の実力や状況を知り、自分自身の力をわきまえていれば、何度戦っても勝てるという意味。キケン生物に向きあうときにも役に立つ考え方だ。

17

毒がこわい

ドクガ類

分類：昆虫類チョウ目　分布：日本全国

ドクガの成虫

オトナよりこわいコドモたち

キケン度データ

危険度	☆★★
出あいやすさ	☆★★
場所	公園・住宅地・緑地帯など
被害の多い時期	夏
おもな被害	痛み・かゆみ

大きさ　幼虫：25〜40mm（体長）
　　　　成虫：15〜30mm（前翅長）

実際の大きさ

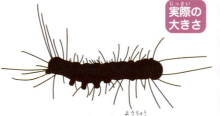

チャドクガの幼虫

水ぜめ・穴うめ大作戦

ドクガの幼虫をはしでつまもうとしたら、いっせいに逃げられた。それ以来ぼくは、水を張った水そうで受けるようにして枝ごと切り落とす。

幼虫は、水にどぼん。あとは地面に掘った穴にうめて、さようなら。慣れが必要だけど、これまでは全勝だ。

 ドクガ科の蛾は約50種いるが、人体に有害だとされるのはドクガ、チャドクガなど一部だけ。初夏に集団で舞うキアシドクガは無毒とされ、楽しみにするファンも多い。だけど、まだ知られていない有毒ドクガもいるかもしれない。念のため、あやしいケムシには気をつけようね。

ここがキケン！ しつこいぞ毒針毛

ドクガやチャドクガがやっかいなのは卵から幼虫、さなぎ、成虫と、どの段階でも毒を持つことだ。その原因になるのは「毒針毛」といって、0.1ミリメートルあるかどうかの短い毛だとされている。

なかでも危険なのは幼虫だが、からだに生えている長い毛に毒はない。毒針毛は黒いこぶのようなところに生えていて、風に乗って飛ぶこともある。

その毒針毛にふれると、かぶれたり、痛んだりする。かゆくて体をかくと、さらにかぶれる。衣類や体についたものは粘着テープなどで取り除き、水やあわだてたせっけんで洗い流すのがいいようだ。ひどい場合はもちろん、病院でみてもらおう。

⚠️ **風で飛んでくることも**
さわらなくても、飛んできた毒針毛でかぶれることも。できるだけ近づかないように。

毒針毛

✚ 毒針毛がついてしまったら、落ちついて取り除き、水でよく洗おう。

⚠️ 公園や街路樹のツバキ、サザンカや、クヌギ、コナラなどの木にいる。

メモ！ まだいるぞ有毒ケムシ

近所でよく出あうケムシの中にも、毒針毛を持つものがいる。たとえばタケカレハ、タケノホソクロバの幼虫だ。とくにタケノホソクロバの幼虫はまゆをつくるころになるとあちこち動きまわるので、庭で出あいやすい。

成虫になれば、毒の心配はないとされている。だったら、幼虫でなければいいかというと、そうでもない。タケカレハのまゆには幼虫時代に持っていた毒針毛の一部が残っていて、ふれれば被害にあう。どちらにしても、油断は禁物ということだ。

タケカレハ

タケノホソクロバ

毒がこわい

イラガ類

分類：昆虫類チョウ目　分布：日本全国

ビリッとくるぞ「電気虫」

キケン度データ

危険度	★☆☆
出あいやすさ	★★★
場所	公園・住宅地・果樹園など
被害の多い時期	夏〜秋
おもな被害	痛み・かゆみ

体長｜20〜25mm（幼虫）

実際の大きさ

イラガ

ここがキケン！ サボテン風のとげが武器

公園や庭で、青葉にまぎれこむようなイラガ、アオイラガ、ヒロヘリアオイラガなど数種の幼虫を目にする。幼虫はサボテンのようなとげを持ち、見方によっては美しくカッコいい。

しかし！　まちがっても手を出さないように。**ちょっとふれただけで、電気が流れたようなビリビリッとした痛みにおそわれる。**そのとき、とげの先端が折れて毒液が流れるという。

刺されたら粘着テープでとげをとり、冷たい水で洗い流すこと。患部は赤くはれ、しばらく痛む。ひどいようならお医者さんに行くことは、ほかの毒虫の場合と同じだ。

成虫に毒はないとされるが、毒のある毛がついたまゆもある。**「手出し無用」がいちばんだ。**

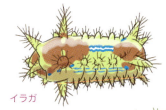

イラガ

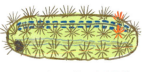

ヒロヘリアオイラガ

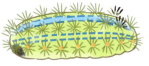

アオイラガ

まゆに毒針毛がついていることも。

豆ちしき

イラガのまゆ自体に毒はない。むかしはその中のさなぎになる前の幼虫を「玉虫」と呼び、タナゴつりのえさにした。イラガセイボウという、宝石のように美しい寄生バチにも利用された。成虫が出たあとの空きまゆを笛にする子どももいた。イラガにも、こわいものはあるんだね。

クローズアップ！
見かけだおしのイモムシ・ケムシ

自分には力がないのに、強いものの力を借りて威張るようなことを「トラの威を借るキツネ」という。それをまねたのか、毒があるように見せかけて、身を守るチョウや蛾の幼虫がいる。見せかけだからキケンはないけど、おどし効果はすごいよ。

とげと赤黒服で敵なし
ツマグロヒョウモン

↑成虫

全身をおおう鋭いとげ。しかも赤と黒でまとめたおそろしげな外見。痛そうだし、どう見たって毒がありそうだ。そう思わせたら、ツマグロヒョウモンの幼虫の勝ちだろう。どちらもまったくの見せかけで、サボテンのとげのように見えてもふにゃふにゃ。

毒もないけど、赤と黒は警戒される配色だから、鳥などの天敵も相手にしない。だから安心して、えさを食べて大きくなれる。

成虫になれば、きれいなチョウに変身だ！

分類：昆虫類チョウ目
分布：本州〜沖縄
場所：庭・空き地・草原など
体長：30〜40mm（幼虫）

毛だらけチャンピオン
クマケムシ

「クマケムシ」というのはニックネームで、ヒトリガという蛾の幼虫だ。道路をせかせかと横切るところをよく見かける。

どう見たってケムシ。クマにたとえられるのもうなずけるくらい立派な毛だけど、特別な体質の人でなければさわっても平気だよ。見慣れれば、けっこうかわいく思えるかも。天気予報ができるといううわさもあるんだ。

分類：昆虫類チョウ目
分布：北海道〜九州
場所：庭・公園など
体長：50〜60mm

じつはカワイイ？

友だちにはなれない？
オビカレハ

ウメやサクラの木にテント状の巣をつくる。そのため、「天幕ケムシ」とか「ウメケムシ」というあだ名で呼ばれることも多い蛾の幼虫だ。

近づいてよく見ると、毛もじゃであやしい青い色。直感的に、「コイツはキケンだ！」と思うのはまちがいではない。でも、ドクガ類のような毒針毛がないので、かぶれることはない。そう言われてもねえ……。

分類：昆虫類チョウ目
分布：北海道〜九州
場所：街路樹など
体長：50〜60mm（幼虫）

マダニ

毒がこわい

分類：クモ類ダニ目　分布：日本全国

小さいからってナメないで！

キケン度データ

危険度	★★☆
出あいやすさ	★★☆
場所	低山の森林や草地
被害の多い時期	春～夏
おもな被害	かゆみ。感染症の危険も。

体長｜1～5mm

  実際の大きさ

思わずひやり

孫がマダニにかまれた。すると昆虫少年の兄がピンセットで、マダニを取り除いたという。

くちの一部が残るとたいへんだ。念のため病院でみてもらったそうだが、話を聞いて、ひやっとした。「生兵法は大けがのもと」というからね。

 アメリカの研究者が、マダニにかまれると肉アレルギーになるかもしれないと報告した。日本でも同じような例があるし、エビやカニのアレルギーを起こす成分はダニと関連するという指摘もある。生きものは、意外なところでつながっている。なんとも気になる話だ。

22

寄せつけぬ工夫をしっかりと

マダニがこわいのは、体長が数ミリメートルと小さくて気づきにくいだけでなく、かまれた場合に**重症熱性血小板減少症候群（SFTS）や日本紅斑熱といった感染症にかかる可能性もある**ことだ。血を吸われてかゆいとか痛いと感じる以上に、そうした病気に感染するのがなによりもおそろしい。

マダニにかまれて1、2週間後に熱が出たり、頭痛、吐き気、下痢などが起きたら、とにかくまずはお医者さんへ。命にかかわることもあるので、甘くみてはいけない。**野山には長そで・長ズボンで出かける習慣を身につけ、虫よけスプレーも使うといい。**犬の散歩にも気をつけようね。

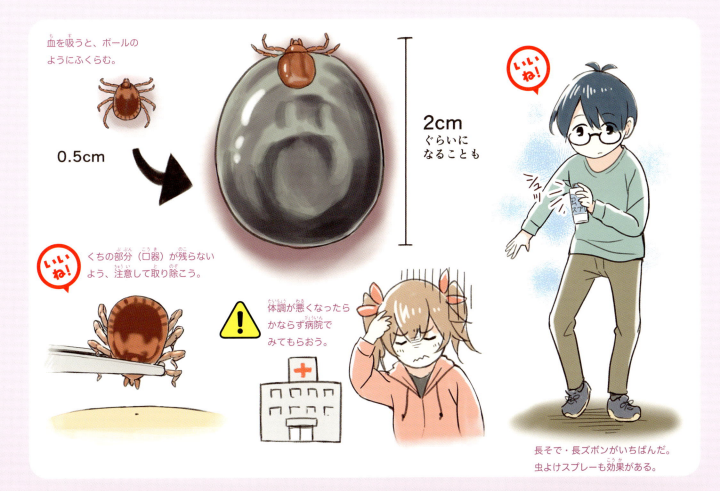

血を吸うと、ボールのようにふくらむ。
0.5cm → 2cmぐらいになることも

くちの部分（口器）が残らないよう、注意して取り除こう。

体調が悪くなったらかならず病院でみてもらおう。

長そで・長ズボンがいちばんだ。虫よけスプレーも効果がある。

メモ ひそかに役立つダニ

ダニは屋内でも発生する。アレルギーの原因になるチリダニやコナダニ、ツメダニがその代表だ。

でも、ダニのすべてが悪者でもない。害虫のハダニ・コナジラミ類を食べるチリカブリダニのような肉食性のダニは野菜づくりを助け、農家に喜ばれている。森にすむササラダニは落ち葉や菌類を分解し、植物の栄養に変える。世界で知られる約5万種のダニの9割はヒトに無害だとか。だからこそ、有害なほんの一部のダニだけはしっかり警戒しようということだ。

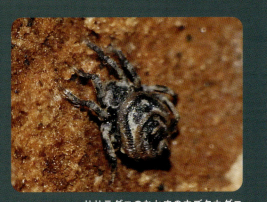

ササラダニのなかまのウズタカダニ

毒がこわい

蚊(か)

分類：昆虫類ハエ目　分布：日本全国

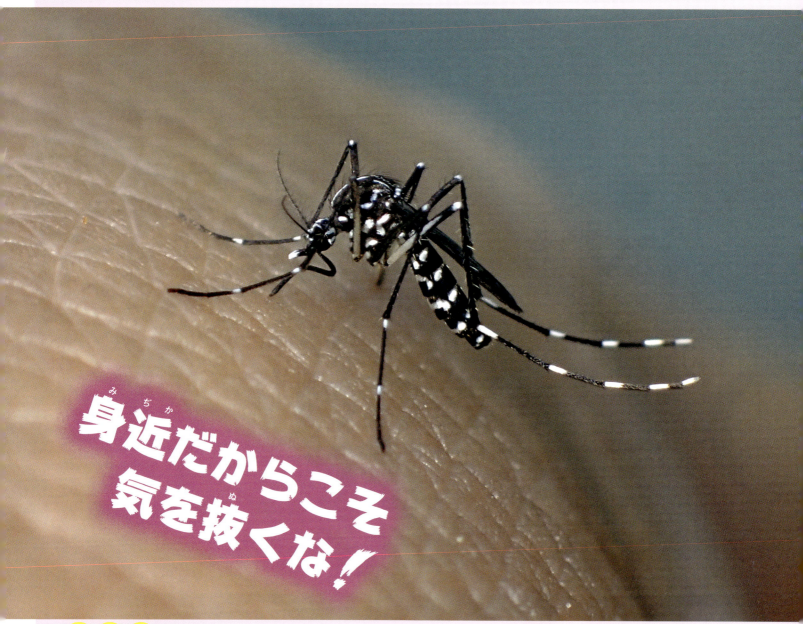

身近だからこそ気を抜くな！

キケン度データ

危険度	★☆☆
出あいやすさ	★★★
場所	住宅地、緑地帯など。
被害の多い時期	夏
おもな被害	かゆみ。感染症の危険も。

体長｜4～5mm

 実際の大きさ

虫かごに入ったヤブカ

子どものころ、いとこの家には白黒模様の小さな虫がたくさんいた。めずらしいので、何匹もつかまえては虫かごに入れて喜んでいた。

あとになって知ったそれは、ヤブカ（ヒトスジシマカ）だった！　虫好き少年ならではのドジな体験かもね。

豆ちしき：蚊に刺されるのはいやだが、蚊がいたおかげで開発されたのが痛くない注射針だ。蚊に刺されても気づかないことから、そのくちの仕組みをまねた。蚊とり線香を入れる「蚊やり豚」と呼ばれる豚をかたどった器も、蚊がいたからこその発明品といえるかもね。

ここがキケン！

あの手この手で対策を！

蚊の攻撃を防ぐのは、かんたんなようで難しい。長そで・長ズボンなら、針のようなくちも素肌に届かない。とはいえ、真夏にそのかっこうはつらい。

そこで使いたいのが、**ハッカ油やヒノキ油の虫よけスプレー**だ。最近はオニヤンマに似せた虫よけグッズも見かける。だけど、生きていれば口から二酸化炭素を吐くし、汗や体の細菌が発するにおいもある。蚊はそれらを敏感に感じ取って寄ってくる。

まずは家のまわりに**水の入ったバケツや植木鉢の受け皿などがないかを点検し、蚊が繁殖しにくい環境にしよう**。病気の運び屋にもなるしぶとい蚊と戦うには、総合的な対策が欠かせない。

いいね！ くふうして予防しよう
虫よけスプレーを使うのが基本。バケツや植木鉢の受け皿に水がたまったままになっていると、ボウフラと呼ばれる幼虫が育つ環境になるので、こまめにチェックするのもいいね。

オニヤンマをまねた虫よけグッズもある。こわくて逃げるといわれるけれど、どうだろう。試してみるといいかもね。

メモ 世界最強のキラー昆虫

蚊に刺されると、とてもかゆい。そして運が悪いと、なんともやっかいな病気までうつされてしまう。

世界保健機関（WHO）などのデータにもとづいてまとめた資料（2015年版）によると、蚊が運んだウイルスや寄生虫により、1年間で83万人もの命がうばわれた。毒ヘビや猛獣のほうがこわい印象なのに、実際にはさまざまな感染症をもたらす蚊のほうがずっとおそろしい。だからこそ、しっかりした対策が必要なのだ。

動物による世界の犠牲者の数（2015年）
（ビル・ゲイツHP「GateNotes」2016年10月10日より抜粋）

動物	犠牲者数
蚊	83万人
ヘビ	6万人
サシガメ	8000人
サソリ	3500人
ワニ	1000人
カバ	500人
ライオン	100人
ハチ	60人
トラ	50人
クラゲ	40人

ジャンボタニシ

分類：軟体動物　原産地：南アメリカ　日本国内の分布：関東地方～沖縄

キケン度データ

危険度	★★☆
出あいやすさ	★★☆
場所	水田・用水
被害の多い時期	春～夏
おもな被害	感染症

殻の高さ｜2～7cm

出した手はひっこめて！

卵

実際の大きさ

ここがキケン！ 寄生虫は目に見えない

外来種の「ジャンボタニシ」はあだ名で、日本ではおもにスクミリンゴガイをそう呼ぶ。こわいのは**広東住血線虫という、体長1ミリメートル足らずの寄生虫がひそむ可能性がある**ことだ。人間に感染すると吐き気や頭痛、発熱などの症状が出る。寄生数が多いと、命にかかわる。

だから、**素手でつかんではいけない**。田植え体験などでうっかりしてふれた場合は、手をしっかり洗うこと。そうでなくても、ふだんから手洗いの習慣を身につけておきたいね。

ジャンボタニシはもともと、食用目的で輸入された。したがって十分に加熱すれば食べられるが、知識のない人は手を出さずにおこう。卵は、加熱しても安全だとは言えない。とくに注意を！

見つけても素手でつかむのはやめよう。

ふれてしまったらしっかり手洗いを！

豆ちしき　ジャンボタニシ退治で農薬を使うと、ほかの生きものの生活をおびやかす。それならというので、千葉県立農業大学校は手づくりの捕獲トラップを考案した。切れ込みを入れて落とし穴式にしたタッパーに、ドッグフードをえさにしておびき寄せる。なかなかのアイデアだね。

アフリカマイマイ

毒がこわい

分類：軟体動物　原産地：アフリカ東部　日本国内の分布：小笠原諸島・鹿児島県・沖縄県

キケン度データ

- 危険度 ★★☆
- 出あいやすさ ★☆☆
- 場所 日かげの湿った草地など
- 被害の多い時期 一年じゅう
- おもな被害 感染症

殻の高さ｜10～15cm

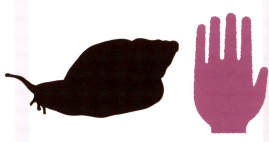

ホントのこわさは腹のなか

命の危険

ここがキケン！ ヒトの命をねらう寄生虫

沖縄や小笠原などに入り込んだ外来種。世界最大級のカタツムリで、子どもの手のひらからはみだすビッグサイズだ。**食欲・繁殖力がおう盛で、自然への影響や農業被害が問題になっている。**

もともとは、食べるために持ち込まれたものだった。ところが**体内に広東住血線虫という寄生虫がいる**ことが知られるようになり、一気に危険生物のなかま入りをした。**素手でつかんではいけないし、通ったあとのねばねばした粘液がついた野菜を食べたら、たいへんなことになる。**

はげしい頭痛や脳への障害、体の痛みなどが起き、死亡例も報告されている。**うっかりふれたら、しっかり手を洗おう。** 生息地で収穫した野菜は、火を通すようにすれば安心できる。

メモ なかまにも気をつけよう

広東住血線虫は、アフリカマイマイのなかまであるカタツムリやナメクジにも寄生する。アフリカマイマイと異なり、全国各地にさまざまな種類が生息する。そのすべてに広東住血線虫が寄生しているわけではないが、キケンという意味では変わりがない。

だから気をつけることもまったく同じだ。素手でふれず、しっかり洗った生野菜を食べるようにしよう。必要以上におそれなくてもいいが、注意はしようね。

注意 小笠原諸島の母島にあるＪＡ（農協）が、アフリカマイマイの捕獲をするアルバイトを何度か募集した。島民に呼びかけ、5時間ほどかけてつかまえる。有名な外来種だから全国的な話題にはなるけど、そうでもしないと農業被害が減らないということだ。深刻な悩みだよね。

クローズアップ！

赤はアカん!? キケンな外来種！

赤は世界じゅうで、キケンな色とされている。信号機の「止まれ」が赤色なのもそのためだとか。赤い部分を持つ外来種もなぜか、キケンなものが多い。赤い色の生きものを見たら、念のため気をつけよう！

おしりの毒針で猛攻撃

ヒアリ 特定外来生物

世界的に有名な「殺人アリ」。幸いなことに日本では定着していないようだが、油断は禁物だ。ハチと同じように毒針を持ち、何度も刺す。しかも大群で攻撃するので、1匹・1回の毒の量は少なくても被害が大きくなる。アレルギー反応による、命のキケン性もある。万が一おそわれたら、すぐに救急車を呼ぼう。

ヒアリの敵はアリといわれる。多くのアリがいる環境を守ることが、被害にあわない対策らしいよ。

分類：昆虫類ハチ目　**原産地**：南アメリカ
日本国内での分布：定着は未確認（2024年11月現在）　**場所**：港湾
体長：2〜6mm

→日当たりのよい場所に大きなアリ塚をつくる。女王アリと数千〜数十万匹もの働きアリが集団で暮らす。
（写真は環境省HPより）

せまい所に要注意！

セアカゴケグモ 特定外来生物

せまい場所が好きで、プランターや自動販売機・ベンチの下、エアコンの室外機の裏側などで見つかることが多い。日当たりがよい場所にある建物のすき間やみぞに入り込む例もあるので、あやしいと感じたら、むやみに手を入れないようにしよう。

おとなしい性格だとされるが、気にさわったら、かみつく。痛くなくても、神経毒がじわじわときてくる。お医者さんにみてもらうのがいちばんだ。

分類：クモ類　**原産地**：オーストラリア　**日本国内での分布**：全国
場所：プランターの裏、自動販売機の下などのすき間
体長：4〜10mm

←注意を呼びかける貼り紙
（環境省HPより）

かまれる前に肌隠そう

(環境省HPより)

アカカミアリ 特定外来生物

「赤い色をしたかみつくアリ」というのが名前の由来で、見た目も性質もヒアリに似ている。毒の力はヒアリより弱いとされるが、キケンなことに変わりはない。

ほとんど何も生えていないような草地、地面がむきだしになったような場所で見つかる例が多い。そうしたところに出かけるときには、注意したほうがいい。

野外に出かけるときの長そで・長ズボンといった服装は、このアリにも当てはまる対策だ。

分類：昆虫類ハチ目　**原産地**：北アメリカ南部〜中南米　**日本国内での分布**：琉球列島・小笠原諸島　**場所**：港湾など　**体長**：3〜8mm

---

逃がさず最後まで飼う

アカミミガメ 特定外来生物

いまでは、川や池でふつうに見かけるカメの多くがこのカメになっている。かみついたり病原菌を運んだりすることもあるが、最も大きいのは環境への影響だろう。在来種のすみかを奪ったり、レンコンを食べたりする。

そのため環境省は2023年6月、条件付特定外来生物に指定した。ペットとして飼っているものを飼い続けることはできるが、野外に放したり逃がしたりすると法律違反となる。最後まで面倒をみよう。

分類：は虫類カメ目　**原産地**：南北アメリカ　**日本国内での分布**：全国　**場所**：池・湖沼・川　**甲らの長さ**：18〜28cm

---

ちゃんと飼ってね！

首の赤が目立ちすぎ！

クビアカツヤカミキリ 特定外来生物

ウメやモモなどの果樹では農業被害となり、サクラ並木だと花見ができなくなるおそれがある。黒い体で、人間でいう首のあたりが赤いので見分けやすい。

成虫は夏にあらわれるが、その前後の時期には、幼虫のサインが見つかる。木の幹や枝から、木くずとふんが混じった「フラス」を出すからだ。

特定外来生物なので、見つけても持ち帰ったり飼ったりしてはいけない。農家の人たちは、被害を防ぐための網を張って果樹を守るような対策をしているよ。

分類：昆虫類コウチュウ目　**原産地**：中国・朝鮮半島など　**日本国内での分布**：関東〜四国地方　**場所**：街路樹など　**体長**：22〜38mm

---

←クビアカツヤカミキリの幼虫が押し出した「フラス」。木くずとふんが混じったようなものだ。

毒がこわい

カバキコマチグモ

分類：クモ類　分布：北海道〜九州

巣をこわすと仕返しされるぞ

キケン度データ

危険度	★★☆
出あいやすさ	★★☆
場所	平地〜山地の草原
被害の多い時期	春〜夏
おもな被害	痛み・頭痛・吐き気など

体長｜8〜15mm

実際の大きさ

ここがキケン！ ガブッとかんで毒液注入

見るからにおそろしい〝きば〟を持つクモだが、ふだんはおとなしい。網を張らず、草むらをうろついて、えさになるえものを狩る。

ところがちまき状の巣の中で卵を産むと、がらっと変わる。卵や子グモを守ろうと必死なのだ。うっかり手を出して**かまれると、はげしい痛みにおそわれる**。はれるだけでなく、**頭痛や吐き気をもよおすこともある**。かまれたら水で洗って冷やし、ステロイド系の薬を塗るといい。子どもの場合は重症になるおそれもあるので、念のためお医者さんにみてもらおう。

親グモが神経質になる6〜8月は、草むらで巣を見つけても近づかないこと。巣の中をのぞくと、かみつかれる。草刈りのときも気をつけよう。

ユニークな形の巣に決してさわらないで！

かまれたら薬を塗り、病院へ。

豆ちしき　卵を産むと凶暴になるカバキコマチグモだが、卵からかえった子グモが1回目の脱皮を終えると、母グモはとんでもないことになる。子グモたちに、生きたまま食べられるのだ。その結果、子グモの体重は3倍になり、脱皮して3齢になる。あまりにもスゴい愛情物語だよね。

ムカデ

 毒がこわい

分類：多足類オオムカデ目　分布：本州〜沖縄

キケン度データ

- 危険度：★★★
- 出あいやすさ：★★★
- 場所：平地〜山地。住宅地にも。
- 被害の多い時期：春〜秋
- おもな被害：痛み・はれ・発熱など

体長｜7〜20cm

ガブッときて痛さモーレツ

えものをとるためのあし。これにかまれると針が刺さったように痛み、かみ跡が残る。

顎肢

ここがキケン！ 見かけどおりの強烈パワー

くさった木や落ち葉、石の下などじめじめした場所に多いが、えさを求めて家に入ることもある。**ふろや流し台の下は風通しを良くし、心配ならテープなどですき間をふさいでおこう。**

ヤツらの武器は、あしが変化してきばのようになった「顎肢」だ。どこかエラそうなひげ（触角）でえものを見つけ、おそいかかる。

かまれるとはげしく痛み、赤くはれあがる。しかも痛みが数日にわたって続き、発熱することもある。 アレルギー反応にも注意が必要だ。

ムカデの毒は熱に弱いので、45度ぐらいのお湯をかけて抗ヒスタミン剤入りの薬をぬるといいといわれる。しかし、効果は人による。念のためお医者さんにみてもらえば、安心だ。

 おっかないムカデだけど、むかしは毘沙門天という戦いの神さまの使いとされた。それでネズミからカイコを守ってくれると信じられ、神社にムカデの絵馬が奉納されたんだ。にくらしいヤツだけど、その力に頼ろうとするのだから、人間はなんとも「虫がいい」生きものだね。

クローズアップ！ 不快害虫を見なおそう！

どことなくあやしく、ブキミな虫を見ることがある。映画やドラマでいえば悪役だ。でもその外見とちがって、意外にも自然界や人間の生活に役立つものもいる。何事も、見た目だけで判断してはいけないようだね。

アブラムシはおまかせ
ヒラタアブ

↑幼虫

ヒラタアブの成虫は、はねが2枚しかないことを除けばハチに似ていて、花のみつや花粉をえさにする。ところが幼虫のおもなえさは、生きているアブラムシだ。

アブラムシは作物にウイルスを運ぶ農業の敵で、一度発生するとあっという間にふえる。だから農家は、ヒラタアブの幼虫に感謝している。

残念なのは、どう見てもウジ虫でしかないことだろう。都会の花だんで見つかると、害虫だと思われて薬をかけられる。その点では、なんとも気の毒な虫だね。

分類：昆虫類ハエ目
分布：日本全国
場所：畑・草むら
体長：10mm程度

特技はゴキブリ狩り
アシダカグモ

あしを広げると10センチメートルを超す巨大なクモ。しかも室内に突然、あらわれる。驚かないほうが不思議なほど迫力のあるクモだが、かみつくことはない。

相手にするのは虫で、屋内だとゴキブリであることが多い。ゴキブリは夜行性だから、アシダカグモもそれに合わせて、夜になると動きだす。人間にとっては正義の味方といっていいかもね。

分類：クモ類　**分布**：関東地方〜沖縄　**場所**：家屋の中など
体長：15〜30mm

ブキミさはピカいち
ケバエ

黒っぽくあやしげな成虫は、洗たく物にとまったり部屋に入ったりしてきらわれる。だがじつは、花のみつやくさった実を食べるだけのおとなしい虫だ。

幼虫は、成虫の何倍もブキミだろう。細長い体で長い毛を持ち、落ち葉の下に集団でいて、ぞわぞわとうごめく。でもそのおかげで落ち葉や死がいが分解され、草木の栄養になる。おそろしく意外な虫がケバエの正体だ。

分類：昆虫類ハエ目
分布：日本全国
場所：庭・空き地など
体長：30mm程度（幼虫）

成虫→

アオバアリガタハネカクシ

分類：昆虫類コウチュウ目　分布：日本全国

キケン度データ

危険度	☆★★
出あいやすさ	★★☆
場所	田畑・川や湖沼の周辺。住宅地にも。
被害の多い時期	夏
おもな被害	皮ふ炎

体長｜約7mm

実際の大きさ

プチッとつぶすと後悔するぞ

ここがキケン！　気がつけば、やけど跡

刺すわけでも、かみつくわけでもない。それなのにやけどをしたみたいになっていたら、この虫のしわざかもしれない。

といっても、むこうも犠牲者だ。**うっかりつぶされたことで体液がはみだし、人間の皮ふに打撃をあたえる。**死んだ虫のうらみといえばホラーになるが、それがこの虫のキケンな理由だ。体液がついたら、水でしっかり洗い流そう。そのあと病院でみてもらえば、安心できる。

肌の上を歩かれたり、死がいにふれたりしただけで被害にあう人もいる。**アリみたいに細くて赤っぽい虫がいたら、強い息で吹き飛ばすことだ。**小さいからと甘くみてたたきつぶしたり、手ではらい落としたりするのは良くない。

手ではらい落とさず、息で吹きと飛ばそう。そのあとは水洗い！

ヒント　この虫のあだ名は「空飛ぶ硫酸」。小さい前ばねの下に大きな後ろばねをたたみこんでいるから、空を飛ぶのも楽勝だ。しかも左右でたたみ方が異なるふしぎ虫。その仕組みを、人工衛星や傘に応用する研究が進んでいる。たたきつぶさなければ、そんなヒントもくれるんだね。

ツチハンミョウ類

毒がこわい

分類：昆虫類コウチュウ目　分布：北海道〜九州

気になっても手を出すな！

キケン度データ

危険度	★☆☆
出あいやすさ	★★☆
場所	草地・林など
被害の多い時期	春〜秋
おもな被害	皮ふ炎

体長｜8〜32mm

実際の大きさ

オオツチハンミョウ

ここがキケン！ 地味なのに有名すぎる猛毒

やたらと腹のデカいアリのようで、金属みたいな輝きがある――。ツチハンミョウの特徴を言うと、こうなる。2種類の虫を無理やりくっつけたような姿なので、一度見たら忘れない。

でも、どこかで見つけても、手でつかんではダメだよ。**あしの関節から出る黄色い液体はカンタリジンという有名な猛毒で、やけどのような痛みや水ぶくれを引き起こす。**死んでも毒は残るようだから、死がいにも気をつけよう。**知らずにさわったら、すぐに水で洗い流すように！**

キケンな虫だけど、その生態は興味深い。花にやってきたハナバチの巣に運んでもらった幼虫は巣の中で生活し、さなぎのようになったあとで再び幼虫の姿になり、本当のさなぎになる。

メモ　おしゃれ虫に注意！

ツチハンミョウ科のマメハンミョウは黒地に白い縦の線が入った虫で、ツチハンミョウと同じ猛毒を体内に持つ。名前にもあるようにマメ科のダイズやアズキの葉を好むため、畑で出あう可能性も高い。

数が多いだけでなく、おしゃれなデザインだからか、注意されても手を出す子も多い。もしも見つけたら、その場を離れるのが正解だ。

うっかり手がふれたら、とにかく水で洗うこと。そのあとで抗生物質を含んだステロイド軟こうを塗っておこう。

 ノガンという鳥のオスは、メスに選ばれるためにツチハンミョウを食べる。"結婚相手"を選ぶメスはオスのおしりの穴をチェックし、寄生虫の具合を確かめるそうだ。ツチハンミョウを食べているオスなら、寄生虫がいないと判断するんだって。オドロキの鳥の知恵だね。

アオカミキリモドキ

毒がこわい

分類：昆虫類コウチュウ目
分布：日本全国

体長｜10〜16mm

実際の大きさ

キケン度データ
危険度	★★★
出あいやすさ	★★★
場所	雑木林・市街地など
被害の多い時期	初夏〜夏
おもな被害	やけどのような皮ふ炎

青だけどストップ！

ここがキケン！ カンタリジンという猛毒は、いろんな虫が持っている。アオカミキリモドキもそのひとつだ。毒があることを知らせるためか、頭と胸はオレンジ色。青緑色のはねでおおわれている。ふだんは野外で生活し、花粉などを食べる。

ところが夜になると、明かりを目指して飛んでくる。窓が開いていると、家に入ることもある。

そんなとき、よく確かめずにぴしゃんとたたいたら、たいへんだ。**関節から出る汁が皮ふにつくと、やけどみたいな水ぶくれになる。**水で洗ったあと、ひどいようならお医者さんにみてもらおう。

注意 カミキリモドキのなかまはカミキリムシに似ているが、体はぶよぶよした感じで、やわらかい。だからといって、体のやわらかさを確かめるために手で持ったら泣くことになるよ。その多くが毒を持ち、「やけど虫」「電気虫」のあだ名があることも忘れないで！

ミイデラゴミムシ

毒がこわい

分類：昆虫類コウチュウ目
分布：北海道〜九州

体長｜11〜18mm

実際の大きさ

キケン度データ
危険度	★★★
出あいやすさ	★★★
場所	水田の周辺など
被害の多い時期	春〜秋
おもな被害	軽い痛み

おそるべし「へっぴり虫」！

ここがキケン！ ゴミムシだけど、黄色い模様があって意外にきれい。それでつかまえたくなっても、ちょっと待って！　ミイデラゴミムシは危険がせまると、**100度近い高温でくさい〝毒ガス〟を噴射する**からだ。それを浴びた手は、茶色いしみとくさいにおいがついたようになる。

もっとも、〝毒ガス〟といっても人間の体調をおかしくするような毒性はない。ピリピリすることはあっても、10日もすれば手についたしみも薄らぐだろう。**「やられた！」と思ったら、とりあえず、水でしっかり洗っておこう。**

豆ちしき ミイデラゴミムシの幼虫は、土の中に産卵されたケラの卵を好む。だからケラがいない場所だと、すみにくいようだ。成虫になると蛾の幼虫やカタツムリ、虫の死がいなどを食べるようになる。人知れず、農業害虫の退治にも一役買っているということになるね。

けがに注意

ヨコヅナサシガメ

分類：昆虫類カメムシ目
原産地：インド・中国など　日本国内の分布：本州〜九州

体長｜16〜24mm

実際の大きさ

キケン度データ
危険度　★★★
出あいやすさ　★★★
場所　公園・街路樹など
被害の多い時期　春〜秋
おもな被害　はれ・かゆみ

手を出すとブスッと刺すぞ！

ここがキケン！
目立ちすぎる白黒模様のカメムシ。しかも大きいから、一度見たら忘れないのが肉食外来種のヨコヅナサシガメだ。サシガメは「刺すカメムシ」を意味し、太い針のようなくちでブスッと刺して体液を吸う。**虫だけでなく、人間も刺す**。刺されたら**痛いし、かゆいし、赤くはれる**。

見た目が派手な虫だから、気をつけていれば被害にあうことはない。ところが、脱皮したばかりだと赤くてきれいだ。その美しさにひかれて、手を出してはいけない。**刺されたら水でよく洗って冷やし、抗ヒスタミン剤を塗るといいようだ。**

豆ちしき　寒い時期のヨコヅナサシガメの幼虫は、集団生活を送る。そうやって、寒さや外敵から身を守るためらしいね。そして、あたたかくなると幼虫は数匹で同じえものをおそうようになるんだ。なかまと協力して大物がゲットできたら、一度の狩りで満腹になる。なかなか賢い虫のようだ。

メモ　カメムシで害虫やっつけよう！

ヨコヅナサシガメは、同じ外来種で人間にも害のあるヒロヘリアオイラガの幼虫もおそう。それは外来種が外来種をやっつけることだから、人間には都合がいい。

同じようにハリクチブトカメムシ、シロヘリクチブトカメムシといったカメムシの一部は、農業害虫となるチョウや蛾の幼虫もえさにする。だったら「生きている農薬」となる天敵昆虫として、もっと積極的に利用しようという研究も進められてきた。

そのためには何がそうした害虫をおそうきっかけになるのか、「生きている農薬」を人工飼育して大量にふやすためにはどんなものがえさとして使えるか――などが課題となる。ハリクチブトカメムシでは、蚕を冷凍保存したものが使えることがわかった。シロヘリクチブトカメムシには、蚕のさなぎ粉をまぜたものが使える。虫の役立つ面を引き出すには、人間が知恵を働かせないといけないのだろうね。

ゴキブリをおそうヨコヅナサシガメの幼虫

ケムシをおそうシロヘリクチブトカメムシの幼虫

クローズアップ！
ブキミな現象!? 害はないの？

もしかして、妖怪？ なんて思いたくなるヘンなものに出くわすことがある。だけど、「幽霊の正体見たり、枯れ尾花」というたとえもあるくらいだから、知ってしまえばなんでもない。いやいや、わかってもやっぱり、不思議なものはある？

うじゃうじゃもやもや
蚊柱（かばしら）

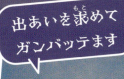
出あいを求めてガンバッテます

↑ユスリカの成虫

- 分類：昆虫類ハエ目
- 分布：ほぼ全国
- 場所：川や湖の近く
- 体長：0.5～10mm

夏や秋の夕ぐれどきに、川の近くや公園などで小さな虫の集団を見たことはないだろうか。それが「蚊柱」だ。数百匹が顔や頭にまとわりつき、自転車で走っていると前が見えず、口に飛び込む。家の近くだと、洗たく物がよごされる。「頭虫」とか「脳食い虫」「キャサリン」という奇妙なあだ名を知れば、よけいに気味が悪くなる。

とにかくうっとうしい虫のかたまりだが、刺されることはない。多くの場合、メスを誘いこむユスリカのオスの集まりだからだ。「蚊柱」が、デート会場なのだろうね。

プカプカぐにょぐにょ
オオマリコケムシ

「池の怪物」「沼のナタデココ」などと呼ばれる寒天質の外来種。毒はないものの水路を詰まらせることがあるため、有害生物とみる人もいる。

1メートルを超す例も多いが、"本体"は1ミリメートルほどの小さな「個虫」だ。それがいくつも合体した「群体」になって浮かんだり、水中の枝にしがみついたりする。コケムシの一種で、「ケムシ」じゃないよ。

- 分類：外肛動物
- 原産地：北アメリカ
- 日本国内での分布：本州
- 場所：湖・沼など
- 体長：1mm程度（個虫）

魔女が忘れたほうき？
ムラサキホコリ

変形菌（粘菌）は、植物でも動物でもない奇妙な生きもの。アメーバみたいな「変形体」はかびや細菌を食べて1メートルになることもあるが、細胞はひとつだ。そのあと「子実体」になり、胞子のようなものをつくる。

すす払いをしたほうきのように見えるものは、ムラサキホコリの子実体。きのこの胞子と同じように風に乗せて遠くに飛ばし、自分たちのなかまをふやすんだ。

- 分類：変形菌
- 分布：日本全国
- 場所：林など
- 高さ：7～20mm（子実体）

もふもふっ♥

近づくな！

アライグマ

特定外来生物

分類：ほ乳類食肉目　原産地：北アメリカ～中央アメリカ　日本国内の分布：ほぼ全国

かわいく見えても あばれん坊

キケン度データ

危険度	★☆☆
出あいやすさ	★★☆
場所	緑地帯・公園・住宅地など
被害の多い時期	一年じゅう
おもな被害	かみ傷。感染症の危険も。

体長｜40～60cm

乳牛が「モー降参！」

アライグマの農業被害が出始めたころ、あっとおどろいたのは北海道の酪農被害だ。牛舎にもぐり込むだけならまだしも、乳牛がかみつかれた。ミルクごくごくならアニメの人気者っぽいが、乳牛のおっぱいにガブッ！ 見かけに絶対、だまされないで！

豆ちしき 英語でいうと、アライグマは「ラクーン」。よく似たタヌキは「ラクーン・ドッグ」で、「アライグマ犬」となる。アライグマ科のアライグマこそイヌの祖先と考えられた時代のなごりで、イヌ科のタヌキが世界的にはめずらしいことも影響した。実際には、イヌ科とのちがいは大きいよ。

ここがキケン！ かみつき、ひっかき、病気ばらまく

学名にラテン語の「洗うもの」を意味することばが付くアライグマだが、最近は気が荒い「荒いグマ」とでも呼びたくなるほど暴れまくっている。意味もなくおそってくることはないが、自分の身があぶないと思えば凶暴になる。

かみついたり、ひっかいたりするだけでなく、さまざまな感染症の運び屋にもなる。木酢液やハッカなどの強いにおいや光、大きな音が苦手だといわれるが、**見つけてもむやみに近づかないのが一番だ。**

ふん害や悪臭、破壊も困るが、なによりもこわいのは感染症だ。運悪くひっかかれたら水で洗って止血してから、病院でしっかりみてもらおう。

ダメ!!!
かわいくても近づくな！
野生動物であることを忘れてはダメ！ 感染症の危険もある。

カワイイ〜♡

メモ 大好物はキャラメル？

強いにおいがきらいなのは、においに敏感だということでもある。そのすぐれた嗅覚で、好きな食べ物をかぎ当てる。

よく話題になるのがペットフードやラーメン、スナック菓子だ。なかでもキャラメル味のスナック菓子が大好きとか。そのほかにはスイカ、スイートコーンなど甘い農作物を好む。

逆にいえば、そういう食べ物が見つからないようにすることが寄せつけない対策になる。「お菓子の出しっぱなしはだめ！」といわれるのは、もしかしたらアライグマ対策なのかも!?

甘いもの だ〜いすき♡

近づくな！

ハクビシン

分類：ほ乳類食肉目　原産地：ヒマラヤ・中国南部・東南アジア　日本国内の分布：北海道〜九州

くさいふんに
フンガイ！

キケン度データ

危険度　★☆☆
出あいやすさ　★★☆
場所　住宅地・公園・低地の山林
被害の多い時期　一年じゅう
おもな被害　かみ傷。感染症の危険も。

体長｜60〜70cm

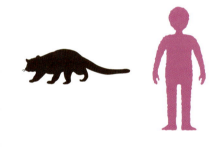

ここがキケン！ 勝手に住んで、夜ごそごそ

　このごろは街でも見かけることがふえてきた。車にはねられて死んでいるのを見ると気の毒にも思えるが、**屋根裏に勝手に入り込み、夜になるとごそごそしだす**のだから、家の人にとっては迷惑でしかない。

　木登りが得意で、ジャンプ力もすごい。自分たちのふんやおしっこのにおいには鈍感なのに、食べ物をかぎつける能力はバツグンだ。**収穫間際のミカン、カキ、キウイフルーツなどをくすねたり、生ごみをあさったりする。**

　比較的おとなしい。だが、いざとなったら人間にもむかってくる。**命にかかわる病原菌を運ぶこともある**ので、かみつかれたら迷わず、病院へゴー！　野生動物が相手のときはそれが基本だ。

屋根裏などに住みつくとふんや尿のにおい、汚れの被害が。

得意の木登りで果物を食べるため、果樹園などに被害が出る。

ハクビシンは1940年代になって初めて記録された外来種だとされている。ところがむかしの人はその特徴によく似た動物を知っていて、それっぽく描かれた絵も残っている。雷とともにやってくる「雷獣」だ。それがハクビシンだとしたら在来種となるのだが、はたして……。

アライグマなどの見わけ方

このごろ、これらの動物を街でも見かけるようになってきた。種類によって対策も変わるので、それぞれの特徴を紹介しよう。どの動物も感染症の原因となるおそれがあるので、くれぐれも近づかないように！

	全身	顔	前後の足あと

アライグマ

尾にしま模様

耳のふちが白い

長い5本指

分類：ほ乳類食肉目　原産地：北アメリカ〜中央アメリカ　日本国内の分布：ほぼ全国　場所：緑地帯・公園・住宅地など　体長：40〜60cm

ハクビシン

尾が長い

まん中に白い筋

短い5本指

分類：ほ乳類食肉目　原産地：ヒマラヤ・中国南部・東南アジア　日本国内の分布：北海道〜九州　場所：住宅地・公園・低山の山林　体長：60〜70cm

タヌキ

尾が短く先っぽが黒い

耳のふちが黒い

4本指

分類：ほ乳類食肉目　分布：ほぼ全国　場所：低山・郊外の住宅地　体長：50〜60cm

アナグマ

あしが太く短い

面長で耳が小さい

5本指で爪が長い

分類：ほ乳類食肉目　分布：本州〜九州　場所：里山・森林・住宅地など　体長：40〜60cm

近づくな！

カラス

分類：鳥類スズメ目　分布：日本全国

「ガッガッ」と鳴いたら近づくな！

キケン度データ

危険度	★☆☆
出あいやすさ	★★★
場所	住宅地・公園・森林など。
被害の多い時期	春〜夏
おもな被害	威嚇・攻撃

全長　ハシブトガラス：57cm程度
　　　ハシボソガラス：50cm程度

ハシブトガラス

逆ギレされちゃった！

バス停にむかう途中で、ごみ袋をあさるカラスに出くわした。ダメという顔でにらみつけると、木の上にサーッ。そして大きな声で、「アホー！」。
　食事をじゃまされておこったのか、ばかにされたのか。逆ににらまれて、こわかった。注意しただけなのにね。

 好奇心の強いカラスは、いろいろな物を集める。ガラスのかけらだったり、ビー玉だったり、きらきらした物が好きらしい。おもしろいのはせっけんだ。だけど、どれでもいいわけじゃなくて、食べておいしい油の成分をふくむものを選んでいるんだって。かしこいね、やっぱり。

ここがキケン！

子育てカラスにゃ勝ち目なし

街で迷惑ガラスをふやさないためには、生ごみを減らし、中身が見えないようにすることだ。えさがあるから集まり、子育てもしようと考える。

春・夏が繁殖期。**ひながいる6〜8月はとくに神経をとがらせ、ピリピリしている。** 巣があったら、人間も負けずに警戒したほうがいい。

ガーガー、カッカと強く鳴いたり、くちばしをカチカチ鳴らしたら要注意だ。 手やカバンで頭の後ろを守りながら、すばやく遠ざかろう。

どうしても通らなければならない場所なら、帽子をかぶったり、傘をさしたりしよう。巣立ちびながいたら、親鳥が近くにいるかも。とにかく用心だ。

いいね！
とにかく頭を守る！
子育て中のカラスのそばを通る場合は、身のまわりのもので頭を守ろう。

メモ カラスは黒と限らない

日本にいるカラスの代表は、黒いハシブトガラスとハシボソガラスだろう。でもカラス科の鳥はほかにもいる。しかも、黒いカラスのイメージとはずいぶん異なる。

鹿児島県の奄美大島などにすむルリカケスがいい例だ。その名の通りのるり色で、国の天然記念物にも指定されている。

カケス、オナガ、カササギも美しいカラスのなかまだ。しかしいずれもギャーとかジャーというにごった声で、美声とはいえない。鳴けば、カラスのなかまだと知られる。ちょっと残念？

ルリカケス

カケス

カササギ

オナガ

クローズアップ！

見た目がコワ〜い動植物！

自然には意外なものが多すぎる。毒がありそうな虫や草木に毒はなく、安全そうに見えたものが有毒・有害だということはよくある。では、見た感じはとてもコワいこんな生きものはどうだろう。

苦しゅうない。

→花のかたちが金魚に似ているのでキンギョソウと名づけられた。学校の花だんで見つけられるかも。

ドクロがいっぱい
キンギョソウ

赤、黄、白と色とりどりの花を咲かせるキンギョソウは、春や初夏の花だんでよく目にする。庭に植える人も多いから、それだけ人気があるのだろう。

ところが花が終わって実ができると、とたんにあやしくなる。熟した実の中にはタネがあって、それが外に飛びだしやすいように三つの穴が開く。

するとなんと、ドクロに大変身！ 笑った感じのものもあって、それがまたブキミなんだ。

分類：オオバコ科　**生活のすがた**：一年草　**原産地**：南ヨーロッパなど
分布：日本全国で栽培　**場所**：花だん　**高さ**：20〜70cm

背中でにらむドクロ
クロメンガタスズメ

クロメンガタスズメは、はねを広げると 10 センチメートルほどあるスズメガの一種だ。それだけでも十分におどろくが、背中にドクロのマークを背負っているから 2 度びっくり。しかもそのドクロがこちらを向いて、ぎろり！

さらにさらに、身の危険を感じるとキーキーという大きな音を出す。おなかの中の特別な器官で出すらしいけど、うらみのこもった泣き声に聞こえるからコワすぎる。

分類：昆虫類チョウ目
分布：本州〜南西諸島
場所：畑など
前翅長：10cm前後

→ぶっとい幼虫。体長 10cm にもなる。こっちのほうがコワいかも!?

ああ、うらめしや～!

→お菊さんを描いた浮世絵(月岡芳年「新形三十六怪撰 皿やしき於菊乃霊」)

ジャコウアゲハ

「番町皿屋敷」という江戸時代の怪談話に、ゆうれいになったお菊という女の人が登場する。夜になると、皿を数えるコワい話だ。ジャコウアゲハのさなぎは、そのお菊さんの霊が姿を変えたものだという伝説がある。

さなぎを支える糸は、お菊さんをしばったひものようでもあるし、黒い髪の毛にも見える。

さなぎになる前の幼虫は体に毒をためて、鳥に食べられないようにしている。それだって、コワいよね。

分類:昆虫類チョウ目　**分布**:本州～南西諸島　**場所**:畑・川原など
前翅長:45～65mm(成虫)

宇宙人のヨガのまね?

シャチホコガ

地球外の生物だといったら信じる人がいるかもしれないのが、シャチホコガの幼虫だ。体をぐいっと曲げたところはお城の屋根の「しゃちほこ」を思わせるが、ヨガのポーズをとっているようでもある。

歩く姿はもっと不思議だ。頭にもおしりにも長いひげか手があるようで、動き方も独特だから気色が悪い。

分類:昆虫類チョウ目　**分布**:北海道～九州
場所:森林・公園・市街地など　**体長**:45mm程度(幼虫)

↑名古屋城のしゃちほこ

エイリアンの落とし子

ワラスボ

映画で有名な宇宙怪獣「エイリアン」に似た魚と紹介されることが多い。稲わらを束ねてつくる筒のような姿だから、ワラスボの名になったという。

干物になるともっとそれらしくなり、宇宙人だっておどろきそうな迫力がある。ハゼのなかまだといわれても、にわかには信じられない。

新鮮なうちに食べようとしてお皿に盛りつけたワラスボに、かみつかれた人もいる。それだけ生命力が強いのだ。うーん……やっぱりコワすぎる!

分類:魚類スズキ目　**分布**:九州の有明海　**場所**:干潟
全長:30cm

(新潟市水族館マリンピア日本海提供)

→干物にされたワラスボ。お酒のおつまみにぴったりだそうだけど、顔はとにかくコワい!

毒がこわい / 命の危険

イチョウ

分類：イチョウ科　生活のすがた：落葉高木　原産地：中国　日本国内の分布：全国で栽培

殻をむいたギンナン

かぶれるぞー
中毒するぞー！

キケン度データ

- 危険度　★★★
- 出あいやすさ　★★★
- 場所　神社・公園など。街路樹にも。
- 被害の多い時期　秋
- おもな被害　食中毒・けいれん／かぶれ

高さ｜8〜45m

キケンは内にこもる？

ある秋、ギンナンを見つけた。素手でいくつか拾ってから、果皮でかぶれると聞いたことを思い出した。手を見たら、なんともなくてほっとした。キケンなのは、果皮の内側のぬるっとした部分だ。もしかして、握力が弱いおかげで救われた？

 イチョウが地球上に広まったのは2億年ほど前、恐竜が栄えていた時代だとされる。その当時の姿をいまに残すため、イチョウは「生きている化石」と呼ばれる。タネではなく、シダやコケに似たふえ方をする古いタイプの植物だ。ソテツも同じようにふえる植物として知られるよ。

ここがキケン！ 子どもは食べないほうがいいかも

　ギンナンは、イチョウの実の中にあるタネの部分だ。茶わん蒸し、くし焼きなどにするが、**食べ過ぎに気をつけよう**といわれている。

　なぜなら、体内のビタミンのはたらきをじゃまするからで、**吐いたり、下痢になったりする**。中毒症状が出るまでの時間も1時間から半日と個人差が大きく、おとなでも5、6個で異変の起きる人がいる。子どもはあまり食べないほうがいいかもしれない。

　果皮によるかぶれにも注意が必要だが、葉は古くから漢方薬として利用されてきた。青い葉をしおりとして本にはさんでおくと、紙がシミにかじられない。そんな利用法なら、試してみるのもいいね。

果皮の内側には、かぶれの原因となる物質が含まれている。

食べられる部分にはギンコトキシンという物質が含まれ、とりすぎると体に害になる。

お寺を守ったイチョウ

　古いイチョウの大木には、乳房のように垂れ下がった気根という根ができる。それでむかしから、お乳の出を良くしたり、子どもが元気に育つように祈ったりする対象になってきた。

　そうかと思えば東京都台東区にある有名な浅草寺のイチョウは、神さまが宿る「神木」として慕われる。関東大震災や東京大空襲で大火事になったとき、火の回りを食い止め、多くの人々の命を救った。焼けただれた木はいまも境内にあり、その歴史と平和のありがたさを伝える"生き証人"となっている。

浅草寺境内の「水吹きイチョウ」。大震災のときに水を吹いたという伝説にちなんで名づけられた。

毒がこわい / 命の危険

スイセン

分類：ヒガンバナ科　生活のすがた：多年草　分布：全国で栽培。野生化したものも。

鼻くんくんで確かめよう！

キケン度データ

危険度	★★★
出あいやすさ	★★★
場所	花だん・公園など
被害の多い時期	春
おもな被害	嘔吐・下痢・こんすい

高さ｜20〜60cm

誤食したら→p148を見よう

ここがキケン！ ニラでもタマネギでもない

花が咲いていればまちがえなくても、葉だけだとうっかり……というのがスイセンのこわさだ。ニラやニンニクの葉のにおいをよく覚えておいて、ちがうと思ったら絶対に食べてはいけない。

掘ると出てくる鱗茎（球根）が、とくにキケンだ。小さいタマネギに似るから、だれかが置いたのを知らずに料理に使って中毒になった例がある。まちがって店にならんだこともあるから、日ごろから注意したいね。

ニホンズイセンだけでなく、ラッパズイセンも有毒だ。**あやまって食べると、吐き気や下痢、頭痛などの中毒症状があらわれる**。牛が死ぬほど強い毒だから、すぐにお医者さんへ。犬やネコなど、ペットにも気をつけてあげようね。

よく似たニラとは、葉のにおいや根の形で見分けることができる。

スイセン　／　ニラ

豆ちしき　名前に「ニホン」と付いても、ニホンズイセンは日本の在来種ではない。海流が運んできたとか、中国に渡った遣唐使が薬草として使うために持ち込んだのではないかといった説がある。ほんとうのところは不明だけど、平安時代の終わりごろには日本で見られたそうだよ。

48

チョウセンアサガオ類

毒がこわい

分類：ナス科　生活のすがた：一年草　原産地：インド　日本国内の分布：全国で栽培。野生化したものも。

キケン度データ

危険度	★★★
出あいやすさ	★★★
場所	庭・空き地など
被害の多い時期	春〜夏
おもな被害	幻覚・けいれん・こんすいなど

命の危険

高さ｜約1m

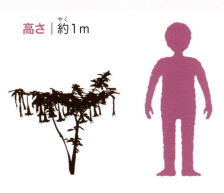

➕ 誤食したら ➡ p148を見よう

ながめるだけで手は出すな！

ゴボウ　チョウセンアサガオの根

（岡山県生活衛生課提供）

ここがキケン！ 食べることは考えないで！

チョウセンアサガオの花は美しい。それで油断するのか、よくまちがいが起きる。「エンジェルス・トランペット」（キダチチョウセンアサガオ）の花はチョウセンアサガオとちがって下向きに咲くが、キケンなことはどちらも同じだ。

決して、食べようなんて思ってはいけない！
それなのに事故が絶えないのは、**ゴボウに似た根、オクラみたいなつぼみ、ゴマのようなタネとそっくりなものが多い**からだろう。どこも有毒だということを、まずはしっかり覚えておこう。

誤って食べると、体がまひしたり、呼吸が苦しくなったりする。意識を失うこともある。**ゴボウに似た根を食べる例が多いから、根にはとくに注意が必要だ**。すぐに吐きだして、病院へ急げ！

メモ　有毒植物が産んだ麻酔薬

江戸時代の文化元年（1804年）、世界初の全身麻酔で手術を成功させた医師がいる。華岡青洲という人だ。そのとき使った麻酔薬「麻沸散（通仙散）」の原料が、強い毒を持つチョウセンアサガオやトリカブトなどだった。
青洲は、耐えがたい苦しみを患者に強いる手術をなんとかしたいと研究をかさね、家族の犠牲も払いながら、麻酔薬を完成させたと伝えられる。すごいお医者さんがいたものだね。

手術をおこなう青洲（『奇疾外療図巻 完』）

 豆ちしき　キダチチョウセンアサガオの別名は、天使の吹くラッパにたとえて「天使のトランペット」となった。ところがその葉のお得意さんは、ドクロマークを背負った蛾として知られるメンガタスズメ（44ページ）のなかまの幼虫だ。天使が大好きなドクロの蛾だなんて、ブラックジョーク？

毒がこわい
命の危険

スズラン

分類：キジカクシ科　生活のすがた：多年草　分布：北海道〜九州

かわいい花にだまされないで！

キケン度データ

危険度	★★☆
出あいやすさ	★★★
場所	花だん・公園・山地など
被害の多い時期	春〜夏
おもな被害	嘔吐・頭痛など

高さ｜20〜35cm

誤食したら ➡ p148 を見よう

ここがキケン！ついうっかりが死をまねく

　昭和の時代にはたびたび、観光案内をかねてスズランが街頭で配られた。それがいつしか終わったのは、毒草だと知られるようになったからだ。

　ベルのような形のかわいい花を食べる人はいなくても、山菜とまちがえて葉を口にする人があとをたたない。スズランは北国に多いから、ギョウジャニンニクやオオバギボウシ（ウルイ）とまちがえてしまうようだ。**吐き気や頭痛だけでなく、ひどい場合には死に至る。**かわいい花に罪はないが、おそろしい毒草のひとつだと覚えておこう。

　花のあとにできる**赤い実も有毒だし、花を生けたコップの水を飲んで死んだ子もいる。**ついうっかり、ではすまされない。幼い子がいたら要注意。もしものときは、迷わずお医者さんへ！

もったいないからって飲んじゃダメだよ

飲まないわよ！

⚠ コップを花びんがわりに使わないほうがいい。まちがいのもとになる。

豆ちしき　5月1日は「スズランの日」。大切な人に贈り、一年の幸せを祈る。19世紀の終わりごろフランスで始まり、日本にも伝わった。花言葉は「ふたたび訪れる幸せ」。フランスではスズラン祭りの日として、お祝いする。子どももお年寄りも街角に出てスズランを売る。

キョウチクトウ

分類：キョウチクトウ科　生活のすがた：常緑低木　原産地：インド　日本国内の分布：全国で栽培

キケン度データ

危険度	★★☆
出あいやすさ	★★★
場所	道路ぞい・公園など
被害の多い時期	春〜秋
おもな被害	頭痛・めまい・けいれん・かぶれなど

高さ｜4〜5m

＋誤食したら→p148を見よう

身近にあるから気をつけて！

命の危険

ここがキケン！ **けむりも吸っちゃダメ！**

ピンクや白、黄色のキョウチクトウの花は、夏になるとあちこちで目にする。公園や学校で見ることもあるから、ササの葉をかたくしたような葉の形といっしょに、しっかり覚えておこう。

手がとどくからといって、ふざけて食べるふりをしてはいけない。**折ると出てくる白い汁も毒だし、燃やしたときのけむりもあぶない。**

もっともキケンなのは、食べたときだ。吐き気や下痢、めまいといった症状があらわれる。葉を数枚食べただけで死ぬこともあるので、とにかく十分すぎるほど気をつけよう。

まちがって食べたらすぐに吐きだして口をすすぎ、お医者さんにみてもらおう。白い汁が手についたら、かぶれる前に大急ぎで洗い流そう。

メモ　希望と平和のシンボル

1945年、広島市に原爆が投下された。いちめんの焼け野原となり、「75年間は、草木が生えることはないだろう」とまでいわれていた。

ところが、そんな中でいち早く花を咲かせた木があった。キョウチクトウだ。そのたくましい生命力は、多くの人々に勇気と希望をあたえた。

（広島市緑政課提供）

それから28年後、キョウチクトウは「広島市の花」になった。戦後を生きてきた市民の支持を得て、平和のシンボルに選ばれたのだ。

豆ちしき　世界的に有名な画家・ゴッホのヒマワリの絵はよく知られるが、キョウチクトウを題材にした絵もいくつか残している。19世紀に生きたゴッホが、その毒性についてどれくらい知っていたかはわからない。だがゴッホにとってキョウチクトウは、特別な花だったといわれている。

51

クリスマスローズ

毒がこわい

分類：キンポウゲ科　生活のすがた：多年草　原産地：西アジア〜ヨーロッパ　日本国内の分布：全国で栽培

キケン度データ

危険度	★★☆
出あいやすさ	★★☆
場所	花だん・公園など
被害の多い時期	冬〜春
おもな被害	皮ふ炎／嘔吐・下痢など

高さ｜20〜40cm

心臓バクバクの前に手袋を！

＋ 誤食したら → p148 を見よう

ここがキケン！ むやみに葉にふれないで

「クリスマス」の名前からわかるように、寒い時期に花を開く植物だ。白やピンク、クリーム色の花は見るからに美しく、人気もある。

もっとも、その「花」の正体は、がく片だ。ほんとうの花は、がく片のまんなかにある雄しべをとりかこむようにしてならんでいる。

全体に毒があるから、おっかない。葉にふれるだけで、ただれることがある。

わざわざ食べる気になるようなものではないが、**あやまって食べたらたいへんだ。めまい、下痢を起こし、量が多いと死んでしまう。**

でも、美しい。庭や公園で見ることも多くなったから、もしも植えるのを手伝うことになったら、手袋をはめるようにしたいね。

いいね！
かぶれることもあるので素手でさわらず手袋をしよう。

豆ちしき　この植物の学名「ヘレボルス」はギリシャ語の「殺す食べ物」が名前の由来で、世界最古の化学兵器になったそうだ。でもその一方で、キリストの誕生を祝う物がなくて泣いていた少女の涙から生まれた植物だとも伝えられる。クリスマスローズは、どちらの話を喜ぶのだろうね。

チューリップ

毒がこわい

分類：ユリ科　生活のすがた：多年草　原産地：北アフリカ〜西アジア　日本国内の分布：全国で栽培

キケン度データ

危険度	★☆☆
出あいやすさ	★★★
場所	花だん・公園など
被害の多い時期	春
おもな被害	皮ふ炎／嘔吐・下痢など

高さ｜10〜70cm

誤食したら➡ p148を見よう

春だからってボーッとしないで

ここがキケン！ 用心する気持ちを忘れずに

春になって色とりどりのチューリップが咲くと、晴れやかな気分になる。しかし**チューリップには、どの部分にも毒がある**。あまり神経質になることはないが、そういう植物だということは覚えておこう。

タマネギとまちがえて球根を食べたら、下痢やまひが起きる。それでなくても、**肌が敏感な人は、球根にふれるだけで皮ふ炎を起こす**。花だんや鉢に球根を植えるときには、念のために手袋をはめるくらい気を使うのがいいかもしれない。

人間は注意すれば防げるが、**犬やネコが食べたらたいへんだ**。心臓マヒを起こしたり、呼吸できなくなったりする。飼い主が、十分に気をつけてやろう。

ペットが口にすると中毒のおそれがある。近づけないように！

 豆ちしき　赤、白、ピンク、黄、むらさきなど、チューリップの花の色はじつに多い。しかし、ありそうでないのが青いチューリップだ。部分的には青くても、全体が青いチューリップは存在しない。黒いチューリップならあるが、むらさき色が濃いだけで、まっ黒ではない。

ジギタリス

毒がこわい / **命の危険**

分類：オオバコ科　生活のすがた：多年草
原産地：ヨーロッパ　日本国内の分布：全国で栽培

高さ｜1〜1.5m

キケン度データ
危険度	★★★
出あいやすさ	★★☆
場所	公園・住宅地など
被害の多い時期	春
おもな被害	嘔吐・心停止など

きれいな花にだまされるな！

ここがキケン！
あだ名は「キツネの手袋」。かわいい感じもするが、完全な有毒植物だ。誤って食べたら、取り返しがつかないことになる。
　ジギタリスの**毒に当たると吐き気や頭痛、体のまひなどが起き、ひどい場合には死ぬ**。吐きだすのはもちろん、すぐに病院へ行こう。
　よく似た植物がコンフリーだ。かつては食用ブームもあったが、現在は食べないように指導されている。つまりどちらも、**絶対に口にしてはダメだ**。

➕ 誤食したら→ p148 を見よう

豆ちしき　現代人がよく使う「デジタル」ということばは、ジギタリスの学名と深い関係がある。ジギタリスはラテン語の「指」に由来し、花の形が指サックに似ているからだとか。一方のデジタルは、指を使って数えるといった意味らしいね。

クワズイモ

毒がこわい

分類：サトイモ科　生活のすがた：多年草
分布：四国〜沖縄。他地域で栽培されることも。

高さ｜1m以上

キケン度データ
危険度	★★☆
出あいやすさ	★☆☆
場所	低地の林など
被害の多い時期	夏〜秋
おもな被害	嘔吐・下痢・皮ふ炎など

実

サトイモとまちがえないで！

ここがキケン！
大きくて肉厚の葉はサトイモにそっくりだが、名前からわかるように「食わず」イモ。食用にはならないが、観葉植物としては利用する。九州南部や沖縄などのあたたかい地域に自生する。
　地下のイモや茎を食べると、針状の結晶であるシュウ酸カルシウムが原因で、ビリビリしたしびれのような痛みを感じる。それでも**食べると、下痢や吐き気をもよおす**。すぐに吐きだし、口をしっかり洗う。ひどければ、お医者さんにみてもらおう。

➕ 誤食したら→ p148 を見よう

豆ちしき　大きな葉を持つクワズイモは、「天然の加湿器」として利用されることがある。植物の持つ「蒸散作用」というはたらきにより、葉から水蒸気を放出して湿度を高める効果が期待できるからだ。でも、たった1株で広い部屋全体をカバーすることはむずかしいだろうなあ。

レンゲツツジ

分類：ツツジ科　生活のすがた：落葉低木
分布：北海道〜九州

高さ｜1〜2m

キケン度データ
- 危険度：★★★
- 出あいやすさ：★★★
- 場所：公園・住宅地など
- 被害の多い時期：春〜夏
- おもな被害：嘔吐・けいれんなど

ここがキケン！

むかしの子どもたちはツツジの花のみつを吸って楽しんだ。だけどじつは、とてもキケンなことなのだ。ツツジにはいろんな種類があり、とくにレンゲツツジは〝毒ツツジ〟として知られるようになった。

といっても種類を見分けるのはむずかしいので、**ツツジ類のみつを吸ってはいけない！　吐き気だけでなく、息ができなくなることもある。**つばといっしょに吐きだして、口をしっかりすすごう。

誤食したら➡ p148 を見よう

みつはチョウにゆずろうよ

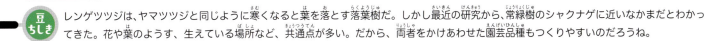

豆ちしき　レンゲツツジは、ヤマツツジと同じように寒くなると葉を落とす落葉樹だ。しかし最近の研究から、常緑樹のシャクナゲに近いなかまだとわかってきた。花や葉のようす、生えている場所など、共通点が多い。だから、両者をかけあわせた園芸品種もつくりやすいのだろうね。

プリムラ

分類：サクラソウ科　生活のすがた：多年草
原産地：中国　日本国内の分布：全国で栽培

高さ｜10〜50cm

キケン度データ
- 危険度：★★★
- 出あいやすさ：★★★
- 場所：花だん・庭など
- 被害の多い時期：冬〜春
- おもな被害：皮ふ炎

ここがキケン！

プリムラは冬から春にかけて花が咲く人気植物だが、品種によっては**皮ふがかぶれたり、ただれたりする人がいる。**とくに気をつけたいのは、花や葉にプリミンという有害成分をふくむオブコニカだ。

世話をするときには長そでの服を着るようにし、手袋もはめよう。葉にふれた手で、顔をさわるのもよくない。

人によっては、プリムラ・マラコイデス、プリムラ・シネンシスでも発症する。症状がひどいなら、お医者さんに行こう。

長そで・手袋を基本に

豆ちしき　ドイツには、城門のかぎ穴にプリムラの茎をさしたらとびらが開き、宝物のある部屋に入れたという伝説がある。親孝行の少女に、プリムラの女神が送ったプレゼントだそうだ。そうかと思えば、魔女よけの花だと伝えるのはイギリス。ところ変われば、言い伝えもいろいろだ。

アジサイ

毒がこわい

分類：アジサイ科　生活のすがた：落葉低木
分布：全国で栽培

高さ｜0.7〜3m

キケン度データ

危険度	☆★★
出あいやすさ	☆☆☆
場所	住宅地・学校など
被害の多い時期	夏
おもな被害	嘔吐・目まいなど

見るだけにしておこう

 ここがキケン！

梅雨に入ると、なにかと話題になるのがアジサイだ。花の名所には、大勢がくりだす。
　花がどれだけ美しくても、食中毒はこわい。食べられる花がたびたび紹介されるからか、**料理のお皿代わりのアジサイの葉を食べて、吐き気やめまいを起こした人たちがいる**。毒の成分は特定できていないようだが、キケンなことは明らかだ。
　お皿にするのはもちろん、どこかで出されても決して手を出してはいけない。食べる植物ではない！

✚ 誤食したら→p148を見よう

 豆ちしき　多くの場合、「アジサイの花」と呼んで問題はないが、あの美しい「花」は花ではなく、がくだ。ほんとうの花は、それぞれのがくの中央に、丸いつぶのような感じで付いている。おしべ、めしべもちゃんとあって、タネだってちゃんとできるんだよ。

オシロイバナ

毒がこわい

分類：オシロイバナ科　生活のすがた：多年草
原産地：メキシコ　日本国内の分布：全国で栽培

高さ｜60〜100cm

キケン度データ

危険度	☆★★
出あいやすさ	☆☆☆
場所	住宅地・学校など
被害の多い時期	一年じゅう
おもな被害	嘔吐・下痢など

口に入ったら顔まっさお

タネ

ここがキケン！

オシロイバナの黒いタネをつぶすと、白い粉が出てくる。それは「胚乳」で、発芽するための栄養になるものだ。江戸時代にはおしろいにすることもあったようで、いまでもそれをまねて遊ぶ子どもたちがいる。
　じつはその**タネと根には、有毒成分がふくまれている。まちがって食べたら、腹痛や吐き気が起きる**。幼い子はうっかり口にすることもあるから、近づけないほうがいい。もしもの時はすぐ、お医者さんだ。

✚ 誤食したら→p148を見よう

 豆ちしき　午後4時ごろから咲くオシロイバナの英名は、「フォー・オクロック」。花の奥にあるみつを吸わせて花粉を運んでもらうには、長いくちを持つスズメガのような虫でないと困る。それでタぐれから夜にかけて活動するスズメガに合わせた開花時間にしたんだね。すばらしい！

毒がこわい

分類：ヒルガオ科　生活のすがた：つる性一年草
原産地：中国　日本国内の分布：全国で栽培

危険度	★☆☆
出あいやすさ	★★★
場所	学校・住宅地など
被害の多い時期	一年じゅう
おもな被害	腹痛・下痢など

つるの長さ｜1～2m

（部分）

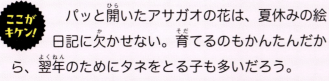

タネに泣かされないように！

ここがキケン！

パッと開いたアサガオの花は、夏休みの絵日記に欠かせない。育てるのもかんたんだから、翌年のためにタネをとる子も多いだろう。

だけど、じょうだんでもそのタネを口に入れてはダメだよ。強い下痢や腹痛を起こす有毒成分がふくまれている。その気はなくてもまちがえて飲み込むことがあったら、すぐに吐きだそう。うまくいかない場合は、病院へ急ごう。その前にまず、タネは毒だということをしっかり覚えておきたいね。

➕ 誤食したら➡p148を見よう

豆ちしき　アサガオには「牽牛花」という別名がある。というのも、アサガオのタネで病気が治った農夫がアサガオのある田んぼに牛を引いてお礼に行ったからなんだって。それでタネは、「牽牛子」と呼ばれる。この話から、毒のあるタネも使い方次第で薬になるということがわかるね。

ナンテン

毒がこわい

分類：メギ科　生活のすがた：常緑低木
分布：関東～九州。栽培のほか自生も。

危険度	★☆☆
出あいやすさ	★★★
場所	住宅地など
被害の多い時期	冬
おもな被害	けいれん・呼吸まひなど

高さ｜1～3m

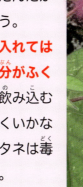

縁起が良くても食べたら最悪！

ここがキケン！

ナンテンは「難を転ずる」、つまりピンチをチャンスに変える縁起の良い植物として有名だ。毒消し効果も期待して、赤飯の上にのせることもあった。

だがじつは、実にも葉にも毒がある。食べたら、体のまひ、けいれんが起きるから要注意だ。

むかしは逆に薬としても利用したが、きちんとした知識がないと毒でしかない。食べたらすぐに吐きだそう。中途半端な知識は命とりになる！

➕ 誤食したら➡p148を見よう

豆ちしき　ヒイラギそっくりの葉を持つヒイラギナンテンは、ナンテンと同じメギ科だ。見た感じはともかく、葉や実の付き方がナンテンに似る。そこでヒイラギも加えたその3種類には魔よけ効果があるとされ、不吉な方角の「鬼門」（北東）や「裏鬼門」（南西）に植える人が多いよ。

毒がこわい / 命の危険

イチイ

分類：イチイ科　生活のすがた：常緑高木　分布：北海道〜九州

隠れ上手のタネがこわい

キケン度データ

危険度	★★☆
出あいやすさ	★☆☆
場所	公園・生け垣・里山など
被害の多い時期	秋
おもな被害	めまい・嘔吐・けいれんなど

高さ｜10〜20m

誤食したら➡p148を見よう

ここがキケン！ 赤い実にだまされるな！

　ゼリーみたいなイチイの赤い実は、いかにもうまそうだ。試しに少しだけかじると、思った通り、甘い。それならと、**赤い実を丸ごと食べたら、とんでもないことになる。**
　吐き気はするし、体がけいれんする。最悪の場合には息ができなくなって、命を落とす。
　赤い「実」と呼ばれる部分は「仮種皮」といって、タネを守る服みたいなものだ。その奥に、タネが見えている。外側の仮種皮は食べられるが、タネに毒があるからキケンなのだ。
　タネは、とてもかたい。だからたいていは、食べる気にならない。でも、歯がじょうぶだとガリッといく可能性があるので注意が必要だ。鳥は丸飲みにするが、まねをしてはダメだぞ！

メモ！ そっくりさんもやっぱりこわい

　イヌマキは、イチイに似た感じの木だ。イチイはイチイ科、イヌマキはマキ科で〝他人〟なのに、かんちがいされることも多い。とくに実を見てそう思うようだ。
　イヌマキの実は赤と緑の玉をくしに刺したようで、よく目立つ。赤い「果托」に害はないものの、緑色のほうのタネは下痢や吐き気を起こす。その点はイチイと同じだから、決して食べてはいけない。名前をまちがえてもいいから、タネに毒があることは忘れないでね。

豆ちしき　イチイの成長はおそいが、木目の美しい良材になる。それで岐阜県の飛騨地方の「一位一刀彫」が生まれ、北海道のアイヌの人たちは木彫りの材料にしたり、強くて粘りのある特性を生かして弓をつくったりしてきた。ロビン・フッドの愛用した弓もイチイ材だったそうだよ。

ソテツ

毒がこわい

分類：ソテツ科　生活のすがた：常緑低木　分布：日本各地で栽培。野生のものは九州・沖縄に。

キケン度データ

- 危険度　★★☆
- 出あいやすさ　★★★
- 場所　公園・海岸の岩場など
- 被害の多い時期　秋
- おもな被害　呼吸困難・嘔吐・めまいなど

高さ｜1～5m

➕ 誤食したら→p148を見よう

「赤い卵」に気をつけろ！

命の危険

実

ここがキケン！ 葉にもタネにも毒、毒、毒

ソテツは南国を感じさせる植物で、その雰囲気を味わうために植えることが多い。寒さに強く、一年じゅう、青々とした葉を見せてくれる。

だが、**葉も幹も根にも毒がある。とくに気をつけたいのは、タネだ。**ソテツはオスとメスの株に分かれ、メスの株にタネができる。

赤くて薄い皮をかぶっていて、その皮がむけると、つるんとした薄茶色のタネがあらわれる。でんぷんが多くふくまれる。

食べられると知っていると、かじってみたくなるかもしれないが、**知識のない人は手を出してはいけない！**　場合によっては**命をうばわれる**。タネを加工した民芸品があるが、見るだけ、飾るだけにするのが正解だろうね。

猛毒なのに郷土料理？

タネにも毒があるとわかっていても、鹿児島県の奄美大島や徳之島の人たちは、郷土料理の「なりみそ」として食用にしている。もともとは食べるものがなくなったときの非常用の食べ物だった。「なり」というのは、ソテツのタネの呼び名だ。

毒性成分のサイカシンは水に溶けやすく、水によくさらすことで毒が抜ける。まさに生きるための生活の知恵だね。

昭和時代のなりみそ作り（奄美市提供）

 ソテツは、約2億年前の中生代からほとんど姿を変えていない「生きている化石」だ。サンゴに似た形の根の力で、マメ科植物の根粒菌のように空気中の窒素をとりこんで肥料にする。いままで生き延びることができたのは、根のその特殊能力のおかげともいわれている。

アセビ

毒がこわい

分類：ツツジ科　生活のすがた：常緑低木〜小高木
分布：本州〜九州

高さ｜1〜9m

キケン度データ

危険度	★★☆
出あいやすさ	★★★
場所	公園・住宅地など
被害の多い時期	春〜秋
おもな被害	嘔吐・けいれんなど

花のかんざしはながめるだけに

ここがキケン！
スズランに似た感じの花が咲く。見た目にはかわいらしいが、その花も葉も猛毒だ。**葉や茎が殺虫剤として使われた時代もあり、家畜が食べれば死んでしまう。**

漢字で「馬酔木」と書くのは、馬だってふらふらになるからだろう。人間が口にしたら、体がまひして、死ぬおそれもある。

ペットも食べないように注意しないとダメだ。もしものときはすぐに吐きだして、病院へ急ごう。

⊕ 誤食したら→ p148 を見よう

注意　毒があるとわかっていてもアセビを見る機会が多いのは、じょうぶで管理しやすい木だからだ。寒さや大気汚染に強く、冬でも青々としている。病害虫も少ない。しかも花はきれいだから、いろんな場所に植えられる。身近にあるからこそ、注意しないといけない木のひとつだね。

フクジュソウ

毒がこわい

分類：キンポウゲ科　生活のすがた：多年草
分布：北海道〜沖縄

高さ｜10〜30cm

キケン度データ

危険度	★★★
出あいやすさ	★★★
場所	庭・公園など
被害の多い時期	春
おもな被害	嘔吐・心臓まひなど

命の危険

めでたい名前に毒を隠す？

ここがキケン！
正月飾りの鉢植えで見ることもあるフクジュソウは、春を告げる植物として人気がある。「福寿」というめでたい名前までついているのだから、何もおそれることはない。

そう思っていると、早春の野山で、ふきのとうとまちがえるかもしれない。**どこを食べても毒なので、心臓まひを起こして死ぬこともある。**20種を超す有毒成分を持つと聞けば、そのこわさがわかるだろう。口にしたら突然、縁起の悪い草となるのだ。

⊕ 誤食したら→ p148 を見よう

豆ちしき　フクジュソウはまだ寒い春先に黄色い花を咲かせ、「ここはポカポカだよ」と虫を誘う。パラボラアンテナに似た形なので太陽光が集まり、花の中心部の温度は周囲よりもかなり高くなる。そうやって集まる虫たちが花粉を運んでくれるから、花にみつがなくても困らないのさ。

ヒガンバナ

毒がこわい

分類：ヒガンバナ科　生活のすがた：多年草　原産地：中国　日本国内の分布：本州〜沖縄

キケン度データ

危険度	★★☆
出あいやすさ	★★★
場所	公園・田畑のあぜ・墓地・道ばたなど
被害の多い時期	春〜夏
おもな被害	嘔吐・下痢・神経のまひなど

高さ｜30〜50cm

誤食したら→p148を見よう

命の危険

「ハミズハナミズ」こわい毒

鱗茎

メモ　田畑のふちで咲く不思議

ヒガンバナは、田んぼのあぜや畑のふちで整列して咲く。お墓で見ることもある。でも、どうして？

その理由はかんたんだ。だれかがそうした場所に植えたからで、秋になるとあの特徴的な花を咲かせる。

では、なんのために？　それもはっきりしていて、作物やお墓をモグラやネズミなどから守るためだった。あの球根の毒は、動物も苦手だったんだね。

お墓に植えたのは、お彼岸のころ咲くことも関係したようだ。

ここがキケン！派手な花より葉に注意！

秋のお彼岸のころ、すっと伸びた茎の先に赤い花火のような花を咲かせるのがヒガンバナだ。茎を折ればかぶれるし、土の中にあるタマネギのような**鱗茎（球根）を食べたら、死ぬおそれもある**。「地獄花」「死人花」の名もあるくらいだから、**厳重注意の植物だ**。

それでも、派手な花があればまだ気づく。ところが「葉見ず花見ず」の別名もあるように、**花が消えてから伸びる葉がニラに似ているから、かんちがいする人がいる**。田んぼやお墓にあれば手を出さないが、そうでないところで事故が起きる。

ニラは球根でなく、ひげ根だ。スイセンだと球根になるが（48ページ）、ヒガンバナと同じように有毒植物だから、もちろん食べてはいけない。

夏目漱石は、「曼殊沙華（ヒガンバナの別名）あっけらかんと道の端」という俳句を残した。悪い評判が多い植物なのに、何も考えずにながめれば、ただそこにある花のひとつだとでも言いたいのだろうか。あらためて見ると、ヒガンバナはヒガンバナらしく、堂々と咲いているね。

61

毒がこわい / 命の危険

ヨウシュヤマゴボウ

分類：ヤマゴボウ科　生活のすがた：多年草　原産地：北アメリカ　日本国内の分布：北海道〜九州

この名前にだまされないで！

キケン度データ

危険度	★★☆
出あいやすさ	★★★
場所	道ばた・空き地など
被害の多い時期	秋
おもな被害	かゆみ／腹痛・嘔吐・下痢など

高さ｜1〜2m

目立つのはいいこと？

キケンな動植物は多いから、一度にはとても覚えられない。だからこそ、目立つものをまず覚える。ぼく自身、まさにそうしてきた。
ヨウシュヤマゴボウは茎が赤く、インクのような赤むらさき色の実がなる。この特徴を頭にたたきこもう。

 豆ちしき　植物は、なかまをふやすために作戦を立てる。ヨウシュヤマゴボウは、鳥にタネを運んでもらおうと考えた。よく目立ち、おいしそうな色の実で、鳥なら食べても中毒しない。作戦は大成功で、ふんにまじってタネが地上に落ちる。その結果、あちこちで見られるようになったのだ。

ここがキケン！

ゴボウはふつう、畑にある

ヨウシュヤマゴボウの場合、**「山ごぼう」とかんちがいして毒にあたる例が多い**。観光地などで、モリアザミやフジアザミの根を原料にした「山ごぼう漬」が売られているのを見るからだ。

「ヨウシュ」は「洋種」、つまり外来種を意味する。ゴボウに似た根にちなむ命名だが、毒がある点で大ちがい！　なんともまぎらわしい名前だね。

毒は、実や根に多い。下痢をしたり吐いたりするだけでなく、ひどいと死に至る。ブドウのような実をつんでインク遊びをする子もいるが、絶対に、味見をしてはいけない。誤って口にしたら、お医者さんにみてもらうのがいちばんだ。

ダメ!!!

おいしそうだけど毒！
ブドウのような見た目だけど、食べてしまったら命の危険も。絶対に口にしないこと！

つけものの「山ごぼう」とは別の植物！　名前は似ているが、こちらは毒だ。

✚ 誤食したら → p148を見よう

メモ
じつは天然のインク？

絶対に食べてはいけないヨウシュヤマゴボウだが、よく熟した実を見ると何かに使いたくなる人は多いようだ。ゴム手袋をはめて糸や布を染めると、ピンクやむらさき色に仕上がる。毒をうまく使えば薬になるように、この毒の実にも使い道があるということだろう。

和名には「ゴボウ」と付いて誤解されるが、英語では濃い実の色に着目して「インク・ベリー」と呼ぶ。いまは使われていないが、アメリカではワインの着色料にした時代があるそうだ。

クサノオウ

毒がこわい

分類：キンポウゲ科　生活のすがた：一年草　日本国内の分布：北海道〜九州

キケン度データ

危険度	★★☆
出あいやすさ	★★☆
場所	田畑・道ばた・草地など
被害の多い時期	春〜夏
おもな被害	かぶれ／嘔吐・呼吸困難など

高さ｜30〜80cm

＋誤食したら→p148を見よう

黄色い花は注意信号！

黄色い汁

ここがキケン！　黄色い汁にふれないで！

干して皮ふの病気の薬にすることも多かったが、食べられそうな草だからと口にしてはいけない。**呼吸が苦しくなったり、体がまひしたりする。**死亡例もあるので、もしものときには迷わず、病院へかけこもう。

食べる気はなくても、花をつもうとして茎を折ると、**黄色い汁**が出る。その汁もキケンで、**ふれると手がかぶれる。**

クサノオウの名前の由来はいくつかあるが、そのうちのひとつが「草の黄」だ。黄色い汁は、それだけ注目されていたことになる。うっかりして黄色い汁が体についたら、なるべく早く洗い流そう。まちがっても、自分から指でふれることがないように注意しようね。

摘もうとしたら折っちゃった…

黄色い汁によるかぶれに注意！

豆ちしき：花が咲いたあとのクサノオウには、曲がった棒のような実ができる。その中にあるタネにはアリが好むエライオソームというものがくっついていて、アリを呼び寄せる。タネそのものはいらないので、アリはどこかにポイッ。タネは新しい土地で芽を出す。まさに知恵の勝利だね。

トウダイグサ

キケン度データ
- 危険度：★★☆
- 出あいやすさ：★★☆
- 場所：畑・道ばたなど
- 被害の多い時期：春
- おもな被害：嘔吐・けいれんなど

高さ｜20〜60cm

分類：トウダイグサ科　生活のすがた：一年草
分布：本州〜沖縄

毒がこわい

白い汁には手を出すな！

ここがキケン！
トウダイグサを見た人はまず、ユニークな形におどろく。「トウダイ」は海の灯台ではなく、むかしの人が部屋で使っていた照明器具のことだ。**草全体に毒があるが**、まず気をつけたいのは、**茎が折れたときに出る白い乳のような汁**だろう。

その汁が**手につくと、かぶれる。目に入ったら、炎症が起きる**。葉やタネを食べたら、腹痛やまひ症状があらわれる。見た目にはおもしろそうな草だが、手を出さないのが賢明だね。

誤食したら→p148を見よう

注意　クリスマスが近づくと、ポインセチアの鉢植えが店にならぶ。赤や白、ピンクの花は美しく、寒い冬をあたたかく明るくする。でもじつは、ポインセチアはトウダイグサのなかまなのだ。その白い汁にも毒があり、ペットが食べる事故も起きているから、気をつけよう（72ページ）。

トウアズキ

キケン度データ
- 危険度：★★★
- 出あいやすさ：★☆☆
- 場所：森林
- 被害の多い時期：夏〜秋
- おもな被害：呼吸不全など

つるの長さ｜3〜9m

分類：マメ科　生活のすがた：つる性常緑低木
原産地：熱帯アジア　日本国内の分布：沖縄

毒がこわい
命の危険

死をまねく美しいタネ

タネ

ここがキケン！
トウアズキの**タネ**は、赤と黒で色分けした小豆のようなもので美しい。だが、**とてつもない猛毒を持つ**ことをよく覚えておかないと、命を失う。

つる性で、石垣島や西表島では自生している。タネはさやの中にあり、**さやも有毒だ**。幼い子だとたった1粒で死ぬこともある。目の前にあると口に入れるかもしれないので、見せないほうがいい。あってはならないが、もしものときにはすぐに救急車だ！

誤食したら→p148を見よう

注意　猛毒を持つトウアズキのタネは、「死神のタネ」だ。その力を期待してか、むかしから魔よけにしたり、お祈りに使ったりしてきた。ネックレスやピアス、楽器のマラカスに利用する例もある。まさかと思うような身近なところで出あうかもしれないので、十分に気をつけて！

ナガミヒナゲシ

毒がこわい / 生態系が危ない

分類：ケシ科　生活のすがた：一年草　原産地：ヨーロッパ　日本国内の分布：北海道〜九州

ポピーとまちがえないで！

キケン度データ

危険度　★☆☆
出あいやすさ　★★☆
場所　道ばた・畑など
被害の多い時期　春
おもな被害　かぶれ

高さ｜10〜70cm

ここがキケン！ 花をつもうと考えるな！

　ポピーやヒナゲシに似た花だから、道ばたで見つけるとつい、手を伸ばしてしまう。でも、ケシ科の外来植物・ナガミヒナゲシは自分の身を守るためのわなを仕掛けている。**折られた茎から黄色い毒の汁を出し、皮ふをかぶれさせる**のだ。

　その毒もこわいが、**繁殖力もスゴい**。つつ状の実の中にはタネが千数百個あり、風に乗って飛んでいく。1株で16万個にもなる大量のタネだ。

　しかも、熟す前のタネでも5年過ぎたタネでも発芽するらしい。**行きついた先で育って花を咲かせ、タネをばらまいて、どんどんふえていく。**

　だから環境への影響が大きい。寒い冬か実ができる前に引っこ抜くのがいいが、そのときには手袋をはめよう。しっぺ返しがこわいからね。

タネが風で飛びちりどんどんふえていく。

豆ちしき　ナガミヒナゲシがケシ科の植物だと知ると、アヘンという麻薬成分を心配する人がいる。でも、ケシとアツミゲシを除けば問題はない。それどころかポピーのタネは食用にされている。焼くと香ばしく、パンやクッキーづくりに利用する。あんパンの上のあれ、見たことあるよね？

サンショウ

分類：ミカン科　生活のすがた：落葉低木
分布：北海道～九州

けがに注意

キケン度データ

危険度	★★★
出あいやすさ	★★★
場所	庭など
被害の多い時期	春～秋
おもな被害	刺し傷

高さ｜1～5m

「からい！」上回るとげの痛さ

とげ

ここがキケン！

「サンショウは小粒でもぴりりとからい」という有名なことわざがある。つまり、小さな実だからと、あなどってはいけない。

しかし、もっと気をつけたいのは、**枝に生えているとげ**だろう。公園や野山で、サンショウのなかまのイヌザンショウやカラスザンショウを見る機会が多いからだ。木としての利用価値は低いが、サンショウと同じように立派なとげがある。

チクッではなく、**ズキッと感じることもあり、痛みはしばらく続く**。とげがうまく抜けなかったら、お医者さんでみてもらうのがいいね。

注意 サンショウの粉は、料理の味を引き立てるのに使う。ところがむかしの人は、布袋に入れたサンショウの木の皮や実の乾燥粉末を水中でもみだして魚をとった。辛み成分が、魚には毒としてはたらく。「毒もみ」と呼んだ方法だけど、いまは禁じられているから、まねてはダメだよ。

ナワシロイチゴ

分類：バラ科　生活のすがた：つる性落葉低木
分布：日本全国

けがに注意

キケン度データ

危険度	★★★
出あいやすさ	★★★
場所	道ばた・川岸など
被害の多い時期	春～夏
おもな被害	刺し傷

高さ｜20～50cm

とげに仕返しされないで！

ここがキケン！

とげの生えた植物は意外に多い。その代表はバラだが、同じバラ科のナワシロイチゴにも小さなとげがいっぱい生えている。田んぼに苗代をつくるころ花が咲き、実ができる。

赤い実は甘く、その味を知っていると食べたくなる。そのとき注意したいのが、**つるのように伸びた茎にたくさん生えている小さなとげ**だ。つるごと引っ張ろうとすると、とげに仕返しされる。

とげは下向きに生えているから、ひっかき傷ができる。傷口をきれいに洗い、消毒してから、化のうどめの薬を塗っておこう。

豆ちしき ナワシロイチゴはキイチゴのなかまなので、栽培して実をジャムにしたり果実酒にしたりする例も多い。かつての琉球王国ではナワシロイチゴを、ほかのキイチゴ類と同じように育てて利用していた。赤くてかわいい実だから、生のまま、ケーキにのせるのもいいかもね。

67

けがに注意／毒がこわい

ワルナスビ

分類：ナス科　生活のすがた：多年草
原産地：北アメリカ　日本国内の分布：ほぼ全国

名前に
いつわりなしの
ワル

高さ｜50〜100cm

キケン度データ

危険度	☆★★
出あいやすさ	☆☆☆
場所	畑・道ばた・空き地
被害の多い時期	夏〜秋
おもな被害	刺し傷／下痢

ここがキケン！

ワルナスビという名前から、悪いやつだとわかってしまう。なんとなくかなしいが、注意を呼びかけてくれるようで、ちょっとうれしい？　**茎や葉に、するどいとげが生えている。**よく見ようとして目に刺さったら、取り返しがつかない。しかも、ジャガイモの芽で有名な**ソラニンという毒を持っている。**葉はもちろん、実の味見もキケンだ。**吐き気や下痢などの症状があらわれ、命もあぶない。**
タネだけでなく、地下茎でふえるのもやっかいだ。少しでも地下茎が残れば、再生する。ほかの植物にも影響があるから、名前通りの困った植物だ。

注意　ワルナスビに似た植物に、同じナス科のイヌホオズキがある。見る機会はワルナスビより多いが、イヌホオズキにとげはなく、実は緑色から黒むらさき色になる点で区別できる。ただし、有毒成分のソラニンをふくむので、キケンであることに変わりはないよ。

けがに注意／生態系が危ない

アレチウリ

特定外来生物

分類：ウリ科　生活のすがた：つる性一年草
原産地：北アメリカ　日本国内の分布：北海道〜九州

猛スピードで
広がる暗黒世界

つるの長さ｜5〜10m

キケン度データ

危険度	☆★★
出あいやすさ	☆☆★
場所	道ばた・川原など
被害の多い時期	春〜秋
おもな被害	ひっかき傷

ここがキケン！

アレチウリの繁殖力は、おどろくばかりだ。またたく間につるを伸ばして葉を広げ、その土地に居ついてしまう。キュウリやカボチャに似るので、見のがすと手遅れになる。
つるや葉の下になった植物には光が当たらず、土の養分も奪われるから、育たない。つるや葉の重みから受けるダメージも大きく、**畑に入ったら作物の収穫量が落ちるのはさけられない。**
環境破壊がいちばんの問題だが、**葉や茎、大きな金平糖のような実のとげもこわい。うっかりつかむとけがをする**ので気をつけよう。

　豆ちしき　想像を上回るアレチウリの成長スピードだが、その力を逆に利用しようという研究も進んでいる。同じウリ科のキュウリやスイカの台木にしたら、生育が良くなったり、一部の病気に強いようすが見られたりした。うまくいくように応援したいね。

ママコノシリヌグイ

分類：タデ科　生活のすがた：一年草
分布：日本全国

キケン度データ
- 危険度：★☆☆
- 出あいやすさ：★★☆
- 場所：道ばた・河川敷など
- 被害の多い時期：春〜秋
- おもな被害：ひっかき傷

高さ｜30〜80cm

実際の大きさ（部分）

けがに注意

下向きのとげにさからうな！

ここがキケン！
ママコノシリヌグイというこの草の名前の意味を考えると、気の毒になる。「ママコ」は「継子」、つまり自分と血がつながらない子のおしりをふくような植物ということだ。

実際にこの草を見ると、もっと気の毒になる。**茎や葉に、するどいとげがある**からだ。

しかも**下向きに生えているので、手でつかむと痛い**。拡大して見ると、かぎのようになっている。そのとげをほかの物に引っかけ、茎を固定して広がる。草の知恵、生きるための作戦だと考えればあっぱれだけど、痛いのはごめんだ。

とげ

豆ちしき
先がピンクで根元が白いママコノシリヌグイの花は、見るからに美しい。でもじつはそれ、花びらではなくて「花被」というがく片だ。がく片がいくつか集まって、ひとつの花のようになっている。とげとげがなければかわいいと思えるのに、残念だね。

メモ｜トイレットペーパー以前

ママコノシリヌグイでおしりをふくといっても、ピンとこない子が多いだろう。現代人はたいてい、トイレットペーパーを使うからだ。

では、むかしはどうだったのかというと、トイレに備えたわら縄を使っていた時代がある。用を足すたびに、その縄を少しずつずらして、おしりをふいた。それを知れば、とげだらけのママコノシリヌグイの名前の意味が理解できる。

それより前は、何でおしりをふいていたのだろう？その疑問も、もっともだ。じつはもっとむかしの人々は、自然に生えている植物の葉を使っていた。なかでも使いやすいと評判だったのが、大きくてやわらかいフキの葉だ。そのほかにはヨモギやヤマブドウの葉がおすすめだとか。フキはおしりをふくための葉だから、「フキ」になったという説もあるけど、どうだろうね。

ヤマブドウ／ヨモギ／フキ

クローズアップ！
とにかくはびこる外来種！

「これも外来種だったの？」と思いたくなる動植物がふえてきた。在来種のすみかを奪ったり、すき間に入り込んだりして……見る機会が多すぎる。もう少し、遠慮してほしいよね。

➡黄色くてきれいだけど、ふえすぎれば有害だ。
（写真は環境省HPより）

のさばる黄色い集団
オオキンケイギク　特定外来生物

コスモスに似た黄色の花が咲く。美しいからと庭に植える人もいまだにいて、なかなか減らない。繁殖力が強く、特定外来生物にも指定されているので、栽培したり譲ったりしてはいけない。タネができる前に根元から引き抜き、タネができていたら袋に入れて処分するようにしよう。
　似た感じでタンポポのような花が咲くブタナも外来種。まちがえてもいいから、一緒に抜いて片づけよう。

分類：キク科　生活のすがた：多年草　原産地：北アメリカ
日本国内での分布：全国　場所：道ばた・川原など　高さ：30～70cm

いやな花粉飛ばすぞ！
オオブタクサ

クワの葉に似ているので、「クワモドキ」とも呼ぶ。2、3メートルになる大きな植物で、7～10月に穂のような花が突き出すようにして咲く。河川敷では、やはり外来種のアレチウリとセットになって生えていることが多い。
　もともと生えている植物の場所を奪うだけでなく、花粉症の原因にもなるからやっかいだ。角が生えたような実はおもしろい。とにかく、あまりにも身近に生えていて驚くよ。

分類：キク科　生活のすがた：一年草
原産地：北アメリカ
日本国内での分布：全国
場所：畑・河川敷など　高さ：1～3m

実

70

困りものの毒やとげ

ニセなんて失礼ね！

ハリエンジュ

　街路樹や公園に植えられた木として見る機会も多く、「ニセアカシア」の名前でも知られる。ブドウの房のように垂れ下がる白い花はミツバチのみつ源になり、てんぷらにして食べる人もいる。だが、そのほかの部分には毒があると思ったほうがいい。絶対に食べないように！
　やせた土地でもよく育ち、ほかの植物の成長をじゃまする物質を持つ。しかも葉の根元や若い木の幹には、とげがある。役に立つこともあるけど、面倒な樹木だ。

分類：マメ科　**生活のすがた**：落葉高木　**原産地**：北アメリカ　**日本国内での分布**：全国　**場所**：河川敷・土手など　**高さ**：10〜25m

かわいい花がくせもの

マルバルコウ

　つる性のヒルガオのなかまで、小さなラッパのような朱色の花が咲く。細い茎に赤っぽい花が咲くことから、「縷紅」の名になった。縷は細く長いことを表し、「マルバ」は丸い葉を意味する。
　繁殖力が強く、美しい花を観賞するために植えたものが野生化した。大豆やトウモロコシの畑などでは「害草」となって、農家の人たちにきらわれているよ。

分類：ヒルガオ科　**生活のすがた**：つる性一年草　**原産地**：北アメリカ　**日本国内での分布**：関東〜九州地方　**場所**：畑・道ばたなど　**つるの長さ**：3m

冬にも枯れない強い草

トキワツユクサ

　梅雨ごろから夏にかけて、花びら3枚の白い三角形の花が咲く。あたたかい地域では冬でも枯れないため、永遠に続くことを意味する常盤となった。茎からも根を出してどんどんふえる強い草なので、もともと生えていた植物の生育がじゃまされる。いったん根づくと取り除くのが難しく、「要注意外来植物」に指定されている。
　「ノハカタカラクサ（野博多唐草）」という名前も使われることが多い。博多織の柄や唐草模様に似ているからと言われるが、はっきりしないようだ。

分類：ツユクサ科　**生活のすがた**：多年草　**原産地**：南アメリカ　**日本国内での分布**：関東〜九州地方　**場所**：民家周辺　**高さ**：10〜30cm

クローズアップ！ ペットが食べたらいけない植物

幼虫時代に毒のある植物を食べて、身を守るチョウがいる。自分は平気だが、天敵の鳥にはいやーな味になるらしい。それに似て、人間はともかく、犬やネコには命とりになりかねないキケンな植物がある。身近にあるから、十分に気をつけてやろう。

白い汁は毒ミルク
ポインセチア

赤いけど汁は白いの

クリスマスのころになると、ポインセチアの鉢を室内に飾ることも多い。茎や葉を切ると出る白い汁は、人間でも皮ふ炎や水ぶくれの原因になる。だから軽くみてはいけないが、もっと気をつけなければならないのは犬やネコだ。

ポインセチアは有毒種の多いトウダイグサ科の植物で、中毒を引き起こすホルボールエステルという成分を持つ。下痢や吐き気がおもな症状で、皮ふが赤くはれたり、かゆくなったりもする。子犬や子ネコは重症になることもあるので、おかしいと感じたら動物病院でみてもらおうね。

分類：トウダイグサ科　**生活のすがた**：常緑低木　**原産地**：中央アメリカ
日本国内での分布：各地で栽培　**高さ**：30～80cm

食べないように遠ざけて
ポトス

人気のある観葉植物なので、家のあちこちに飾ることも多い。犬やネコがうっかりして葉や茎をかむと口の中がはれ、吐いたり、よだれを流したりする。

有毒成分は、小さなガラスの破片にもたとえられるシュウ酸カルシウムだ。ペットが近づけない場所に置くなどして、ふだんから気をつけよう。もしも飲み込んだら、獣医さんにすぐ相談しよう。

分類：サトイモ科　**生活のすがた**：つる性多年草　**原産地**：ソロモン諸島
日本国内での分布：各地で栽培
つるの長さ：1m程度

おしゃれだけれど要注意
アイビー

おしゃれな部屋に、つる性植物のアイビーを飾る人も多い。ペットがいたら、出窓やテーブルに置くのはキケンだ。

アイビーにはサポニンの一種が含まれ、ペットが口にしたら下痢や吐き気を起こす。アイビーが近くにあって、犬やネコの食欲がなかったり、よだれを大量に流すようなら、中毒を疑おう。症状をしっかり伝えて、獣医さんに処置してもらうのがいちばんだ。

分類：ウコギ科
生活のすがた：つる性常緑木本
原産地：ヨーロッパなど
日本国内での分布：各地で栽培
つるの長さ：1～10m

毒がこわい
命の危険

ヤマカガシ

分類：は虫類有鱗目　分布：本州〜九州

見た目キラキラ 毒も超一流

キケン度データ
- 危険度　★★★
- 出あいやすさ　★★☆
- 場所　沢・水田・川の周辺など
- 被害の多い時期　早春〜初冬
- おもな被害　脳内出血・内臓出血など

全長｜1m前後

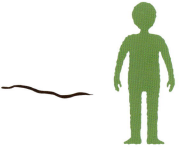

涙だけは気をつけろ？

ぼくは長いこと、ヤマカガシに毒はないと信じていた。涙にふれなければ平気だと聞かされてきたからだ。
でも、ヘビが泣くのか？　かまれて泣くのは人間だろう。えものを丸のみするヘビの話でも、うのみはよくない。そう教えてくれたことには感謝？

豆ちしき　ヤマカガシはむかし、縁起がいいヘビだとされていた。特にぬけがらに価値があり、羽衣になって空に飛んでいくから、見つけたら宝物にしろという言い伝えもあった。ヘビの古い呼び名が「かがし」だったから、ヤマカガシがヘビの代表だったのかもしれないね。

76

毒ヘビのなかの超エリート

ヤマカガシは赤と黒のしま模様で、見ようによってはなかなかおしゃれだ。ほかのヘビよりも目立つせいか、近所の田畑で見たという声もよく聞く。

ふだんはおとなしく、自分から人間をおそうことはない。毒のあるきばも口の奥にあるため、かまれても体内に入り込みにくい。

だからといって、安心はできない。**毒の力は、マムシの数倍と強力だ。首のあたりから毒液を飛ばすこともある**ので、見つけても手を出すのはやめよう。

毒がまわると目や鼻からの出血、吐き気などの症状が出るが、時間がかかることも多い。かまれたら大急ぎでお医者さんにみてもらうのがいちばんだ。

🚑 **事故が起きたら ➡ p147 を見よう**

メモ その "常識" を疑おう

ヤマカガシの頭は丸いが、猛毒を持つヘビとして知られるようになってきた。ところが「毒ヘビの頭は三角」という誤った見分け方を信じる人がいまだにいるので、それにあてはまらないからと油断してはいけない。

特徴的な体の模様だって、赤と黒とは限らない。東日本ではそれが正しくても、地域によっては別種に見えることがある。西日本のヤマカガシは赤みが薄れて暗い青色となる傾向にあり、無毒のアオダイショウとまちがえやすい。

黒っぽい体色のヤマカガシ。左ページの写真のものと見くらべてみよう。

77

毒がこわい

命の危険

マムシ

分類：は虫類有鱗目　分布：北海道〜九州

うれしくない身近な毒ヘビ

キケン度データ

危険度	★★★
出あいやすさ	★☆☆
場所	里山・草むらなど
被害の多い時期	春〜秋
おもな被害	はれ・発熱・目まい・視力障害など

全長｜30〜65cm

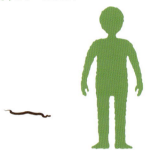

➕ かまれたら➡ p147 を見よう

ここがキケン！ まずは身じたくをしっかり

マムシは、もっとも身近で有名な毒ヘビだ。頭は三角形で、体には銭形模様がある。**暗がりや水辺に行くときには、長そで・長ズボンに加え、底のしっかりしたくつをはくようにしよう。**

基本的に、自分からは攻撃しないといわれる。**うっかり踏んだときにかみつかれ、毒液を注入される例が多い。**落ち葉そっくりの色合いだし、暗くてもセンサーで人の体温を感じとる。出そうな場所での夜の外出時には、とくに注意が必要だ。

かまれたら傷口を指でつねるようにして毒をしぼり出し、血の中の毒の濃度を下げるために水をたくさん飲もう。傷口と心臓の中間あたりをハンカチで軽くしばり10分に1回はゆるめる応急処置があるが、**とにかく病院へ急ぐべきだ。**

メモ 毒ヘビよりこわい人間

毒をうまく生かせば薬になることは、ヘビだけでなくいろんな動植物で知られている。だったらというのでマムシも、血行を良くしたり冷え性を改善させたりする薬として使われてきた。

むかしは、自分でつかまえる人もけっこういた。それどころか、マムシの血やマムシの肉のハンバーグを出す店もあって、話題になっていたよ。そう考えると、いちばんこわいのは人間かもね。

マムシを漬けこんだお酒

 同じ毒ヘビでも、ヤマカガシは卵を産む。アオダイショウもシマヘビも産卵する。ところがマムシは、おなかの中で卵からかえった子ヘビを出産する。おもしろいのは、マムシは口から子を産むといった迷信を信じる人がいまでもいることだ。もちろん、おしりの穴から生まれるよ。

ハブ

毒がこわい

分類：は虫類有鱗目　分布：奄美諸島・沖縄諸島

命の危険

キケン度データ

- 危険度　★★★
- 出あいやすさ　★☆☆
- 場所　森林・草むら・畑など
- 被害の多い時期　一年じゅう
- おもな被害　痛み・はれ・患部の壊死

全長｜40cm〜2m

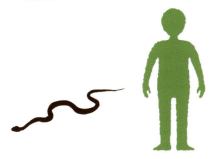

 かまれたら→p147を見よう

毒液打ち込むチャンピオン

ここがキケン！ 攻撃範囲から遠ざかれ！

南の島にしかいないハブだが、そのおそろしさはよく知られている。マムシ毒より弱いとはいえ、**体にためこむ毒の量が多い**ため、キケン度は増す。**夜行性なので、夜はとくにあぶない。**

体をしならせ、むちを打つように攻撃する。それを地元では、「ハブに打たれる」と表現する。体長の半分から3分の2ぐらいまで届くので、体長2メートルなら、余裕をみて1.5メートルは離れていないとおそわれる可能性がある。

かまれたら、少しでも早く病院へ。走ってでも急げという意見もあるが、状況によって変わる。**まずは助けを呼ぶことを考えよう**。応急的には、かまれた部分より心臓に近いところをゆるくしばる。マムシの場合のやり方を参考にしよう。

メモ！ マングースの教訓

ハブがいる沖縄・奄美は、日本に生息しないマングースを天敵として持ち込んだ。しかし、昼行性のマングースと夜行性のハブが出あう機会は少ない。そのためマングースは、ヤンバルクイナやアマミノクロウサギなどの貴重種を含む在来種をおそうようになった。

それでこんどは、苦労してマングースを退治した。安易に外来種を導入するのはよくないという教訓にはなったけど、犠牲が大きすぎたね。

沖縄のマングース（環境省HP）
特定外来生物

 豆ちしき　こわいはずの毒ヘビは、なぜだかよく利用される。マムシと同じような「ハブ酒」があれば、皮を加工したさいふ、アクセサリーもある。奄美大島の「大島紬」のように、ハブそのものではなく、体の模様をデザインした品物もあるよ。泣き寝入りしない人間ってスゴいね。

ヤマビル

けがに注意

分類：環形動物　分布：本州〜沖縄

そっと近づき、ブチューッと吸血

キケン度データ

危険度	★★☆
出あいやすさ	★☆☆
場所	山林の川ぞいや湿地など
被害の多い時期	春〜秋
おもな被害	出血・かゆみ・はれ

全長｜10〜80mm

実際の大きさ

ここがキケン！ せめて虫よけスプレーを！

ヤマビルがふえている。**ハイキングでじめじめした場所を歩くときには、虫よけスプレーや濃度20%の食塩水で防ぐようにしよう。**

地面で待ちぶせ、人間が近づくと体を伸ばして、くつ下や衣類の繊維のすき間から肌に近づく。そして皮ふを傷つけ、血を吸い始める。

痛くないので、なかなか気づかない。それでも長そで・長ズボンで出かけ、ズボンのすそをくつ下の中に入れると、いくらか安心だ。そして時々、**くつやくつ下、衣類をチェックするといい。**

血を吸って満腹になれば離れるが、**見つけたら、皮ふからすぐに、ひきはがそう。**血はしばらくとまらない。水で洗って、ばんそうこうで止血するのがいい。かゆみ、かみ跡が残る人もいる。

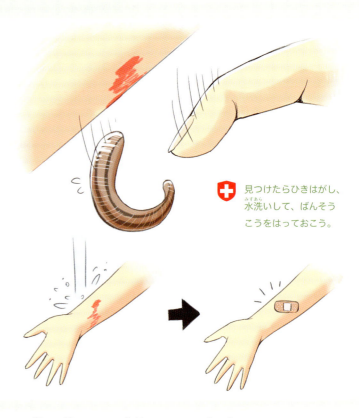

見つけたらひきはがし、水洗いして、ばんそうこうをはっておこう。

ヒント　ヒルのなかまに血を吸われていても気づかないのは、血がかたまらず、痛みを感じさせない物質を出しながら血を吸うからだとされている。その特殊な能力を利用して、人間の病気を治すのにヒルの一種を用いることがある。きらわれ者でも、発想を変えれば役立つことがある例だね。

マツカレハ

分類：昆虫類チョウ目
分布：北海道〜九州

毒がこわい

松にはむやみにさわらない

キケン度データ
- 危険度：★★★
- 出あいやすさ：★★★
- 場所：森林など
- 被害の多い時期：春〜秋
- おもな被害：皮ふ炎

体長｜60〜75mm

ここがキケン！

見るからに毒ケムシっぽい幼虫なので、わざわざつかもうとする人はいない。それなのに被害にあうのは、気づかないからだ。

松の枝そっくりの体色だから、見のがしてしまう。 松の木はもちろんだが、ふだんから、何かにふれるときにはよく見る習慣を身につけておきたいね。

幼虫の体やまゆの毒針毛が手につくとはげしい痛みがあり、かゆみが長く続く。 セロハンテープや毛抜きで毒針毛を取り除き、水できれいに洗ってからステロイド軟こうを塗ろう。ひどい場合には、お医者さんにみてもらうようにしよう。

🫘**豆ちしき** 寒い冬に、むしろを巻きつけた松の木を見たことはないかな。じつはそれ、「こも巻き」と呼ばれるマツカレハ対策だ。上はゆるく、下はしっかり結ぶ。そこに越冬幼虫がもぐり込むから、春になって外せばいっぺんに退治できる。江戸時代から続く、庭園の名物でもあるんだよ。

サソリモドキ

分類：クモ類サソリモドキ目
分布：本州〜沖縄

毒がこわい

強烈スプレーに気をつけろ！

キケン度データ
- 危険度：★★★
- 出あいやすさ：★★★
- 場所：倒木や石の下など
- 被害の多い時期：春〜秋
- おもな被害：皮ふ炎

全長｜約80mm

ここがキケン！

サソリに似ているが、よく見るとしっぽは細い糸のようだ。サソリでさえ、実際にはそれほど強い毒は持たないとされる。それならだいじょうぶだろうと手を伸ばすと、泣くことになる。

サソリモドキは、**おしりの付け根から強烈な悪臭を放つのだ。** とても強い酢のような物質で、**噴射された液が手につくと炎症を起こすことがある。** 目に入ったらたいへんだから、見つけても何もしないのがいちばんだ。

吹きつけられた液は、水でしっかり洗うこと。 目に入ったら、洗ってから眼科で診察してもらおう。

豆ちしき 見た目にはあやしいのに、サソリモドキはなんとも愛情深い。メスは産んだ卵をおなかに抱えたまま、子の誕生を待つ。生まれた子たちは母親の背中で生活し、自分でえさがとれるようになると独立する。母親はその間、食事をしない。「お母さんがんばれ！」と応援したくなるね。

近づくな！

命の危険

クマ

分類：ほ乳類食肉目　分布：ヒグマ：北海道　ツキノワグマ：本州・四国

「近づけず、近づかず」が原則

ヒグマ

ツキノワグマ

キケン度データ

危険度	★★★
出あいやすさ	☆★★
場所	山林。町なかにあらわれることも。
被害の多い時期	春〜秋
おもな被害	かみ傷など。感染症の危険も。

体長　ヒグマ：1.5〜2.3m
　　　ツキノワグマ：1〜1.3m

ヒグマ

ツキノワグマ

川の音は「クマ注意報」

「川ではクマに気をつけろ！」
魚つり中におそわれた人に言われた。ザーザーという瀬音におたがいの気配が消され、バッタリ出あったそうだ。腕に残るひっかき傷は、そのときの教訓だという。それ以来、川ではまわりに気を配るようにしている。

 豆ちしき　「クマの親切」というロシアの話がある。クマがある日、昼寝をしていた人の顔にとまったハエを見つけた。そこで親切にも追い払おうとしたのだが、クマの力が強すぎてその人を死なせてしまった。いかにもありそうなことで、「よけいなお世話」といった意味で使うよ。

ここがキケン！ クマのサインを見のがすな！

　春の山菜・秋のきのこ採りの時期には、**鈴や笛を忘れるな**。木の実を食べるための**「クマ棚」、つめ跡、ふんを見たら、すぐにその場を離れろ**——といわれてきた。その教えはいまもむかしも変わっていない。

　クマはもともと、山にすむ動物だ。だから、山は自分たちのもので、そこにだまって入り込む人間は許せないという気持ちでいるかもしれない。

　ことばが通じればいいのだけど、それは難しい。だとしたら**人間のほうで、クマが残すサインに気づかなければならない**。鈴があるからだいじょうぶと思わず、山では周囲に気を配ろう。

つめ跡／クマ棚／ふん／チリンチリン／いいね！

遠くまで響くクマ鈴などで、人の存在をクマに知らせ、クマを近づけないようにしよう。

🏥 事故が起きたら➡ p148 を見よう

メモ クマもビビッてた？

　山の猟師は自然の恵みに感謝し、しとめたクマの命をむだなく生かすように努めてきた。

　なかでも有名なのが「熊の胆」だ。胆汁が入ったままの胆のうを干してつくり、家庭薬として身近に置いた。

　「熊の胆」はとても苦く、さまざまな痛みをやわらげ、胃もたれなどに効くという。脂肪からとる「熊の油」もやけど、切り傷の薬にした。肉や毛皮だけでなく、こんなものまで利用されるとクマが知ったら、さすがにこわくて逃げだす？

熊の胆

【速報】　キケン！新聞　2025年1月12日

クマの言いぶん
一日一種

ワタシはクマです
山で人間に出あうと…

クマ!?
でも
よく怖がられます

人間!?
ワタシたちも人間が怖いです

だから私たちの住む山に入るときはできるだけ鈴や話し声で居場所を知らせてください…
あっちには近づかないようにしよう…

取材を終えて

役に立つ話を聞いても、いざとなったら冷静にはなれないのがふつうだろう。だから鈴、笛、ヘルメットを用意し、ひとりでは山に入らないという基本的なことを守ろうと思った。

それ以前に人間は、クマのことをもっと知るべきだ。生態や習性がわかってくれば、トラブルも避けられる。そのためになる研究を応援したい。

インタビューしたのは……

小池伸介（こいけ・しんすけ）さん

東京農工大学教授。専門は生態学。ツキノワグマの生態や森林の生物同士の関係を研究し、日本クマネットワーク代表を務める。著書に『ある日、森の中でクマさんのウンコに出会ったら』『ツキノワグマのすべて』などがある。

ウンコ集めて3000個

小池さんはこれまでに、3000を超すクマのウンコを集めた。クマを追いかけ、森の中で何を食べるのかを観察するのは難しい。でも食後に出たウンコを調べれば、それがわかる。

その結果、クマは植物を中心にした雑食性の動物だが、❶1年によって食べ物が変わる❷食べた植物のタネは、食べた順番に出てくる❸行動範囲が広いので、ウンコはタネを遠くに運ぶのに役立っている――といったことがわかったそうだ。

なかでも**タネを運ぶはたらきは、自然にとってありがたいことだ**という。食べたタネの半分以上が、元の場所から1キロメートル以上離れたところに運ばれていた。クマは群れで生活せず1頭でくらすため、思いがけない場所に落ちることもある。**植物にとっては冒険の旅で、新天地で芽吹く大きなチャンスだ。**

ウンコを利用するふん虫も、15種ほど確認された。彼らもきっと、大喜びだね。

↑クマのウンコはくさくない。しかも貴重な情報がウンと、詰まっている。

↓撃退スプレー。使う前に練習が必要。

がわかったという。そんなことも参考に、「**クマに出あわない努力や備えが大切だ**」と呼びかける。

まずは鈴や笛を持て

クマの感覚は鋭い。だから**鈴や笛で近くにヒトがいることを知らせ、接触を避けるように仕向けたい**。できればヘルメットもあるといいそうだ。

それでもクマと鉢合わせすることはある。するとクマはパニック状態になり、自分の身を守ろうとして"攻撃"する。撃退スプレーは2、3メートル近くでないと効果がないし、事前の練習も必要だ。

「決してあわてず、背中を向けて逃げないように。そしていざとなったら、**首を押さえてうつぶせになり、太い血管を守る姿勢をとりましょう**」

実際にできるかどうかはともかく、心構えだけはしておきたいね。

クマはヒトを観察する

近づくスキをあたえるな！

↑放置されたカキを食べるクマ（2021年、福島県喜多方市で）
（きたかた鳥獣対策研究会　大西亮太さん提供）

クマと戦っても勝ち目はない。できれば出あいたくないが、もしもに備えて知りたいこともある。東京農工大学教授の小池伸介さんに聞いた。（谷本雄治）

問題は、クマにおそわれる被害が目立つようになったことだろう。小池さんが研究を始めて約25年。クマはいまも逃げる動物、ヒトに会いたくない動物だとべてきた。

だが、事情は変わった。

「人口が減り、高齢化が進んで山に入らなくなりました」

クマとの陣取り合戦で、ヒトは押され気味です

小池さんは人工衛星を利用するGPS（全地球測位システム）機能付きの首輪カメラを延べ30頭のクマに付け、野生での行動を調べてきた。その結果、繁殖期は6、7月で、メスを追いかける時期のオスは食べ物に関心がない。オスの行動範囲は広いが、メスはオスほど移動しない――など

生息状況には地域差

クマとのトラブルがよく、ニュースになる。クマはそんなにふえたのか？

「数千頭になる毎年の捕獲数も、すむ地域もわかっています。しかし、国内に何頭いるかという正確な生息数は、まだ、わかりません」

クマは山地開発がさかんな時期に一度、激減した。そこで捕獲の上限を決めたら回復したので、半世紀ほど前に比べればふえている。それでも四国のように20頭ぐらいになったところもあり、地域差は大きいと小池さんはみる。

成功体験が被害招く

同じようにして、人里に来るシカやサル、イノシシも増えた。山のどんぐりの豊凶でクマは行動を変えるが、それだけの理由でまち

へ出るわけでもない。

「気になる食べ物があると、クマはそこに行く。そして**食べることに成功すると大胆になり、ヒトに出あう確率も高まります**」

ヒトが消えた集落、カキやクリが放置された場所があると侵入し、食べ物をあさる。**食べ物も身を隠す場所もなければ、クマは危険をおかさない**。

キケン！新聞

2025年1月12日
キケン！新聞社
東京本社

今日の格言

君子危うきに
近寄らず

……古代中国のことわざ。賢い人は自らの行動をつつしみ、危ない場所には近づかないという意味。君子とは、知識が豊かで人格も立派な人を指す。わたしたちもキケンから身をかわすため、しっかり学んでおきたいね。

↑調査に使うGPS機能付きの首輪カメラ。延べ30頭に付けた。

近づくな！

サル

分類：ほ乳類霊長目　分布：本州〜九州

目を合わせず、歯も見せるな！

キケン度データ

危険度	★★☆
出あいやすさ	★★☆
場所	山林など。住宅地にあらわれることも。
被害の多い時期	一年じゅう
おもな被害	かみ傷・ひっかき傷。感染症の危険も。

体長｜50〜65cm

サル山のルール

一度だけ、身の危険を感じた。青森県の「北限のサル」に、カメラを向けたときだ。歯をむき、大声で責められた気がした。群れの〝友達〟であるガイドもいたので助かったが、とてもこわかった。たぶんぼくの行動の何かが、彼らの規則に反したのだろうね。

豆ちしき　サルは数十頭で群れをつくり、基本的にはメスたちで生活する母系社会だ。つまり、おばあちゃん、お母さん、娘のサルがずっといっしょに暮らす。ところが同じ群れに生まれても、オスは4、5年で追い出される。きびしいけれど、強くなってほしいための〝愛のムチ〟なのかな。

ここがキケン！ キャッキャッの声は警告（けいこく）サイン

サルの群れに出くわしたとき、「キャッ、キャッ」とか「ホーホー」と聞こえたら、**要注意だ**。危険や敵の接近をなかまに伝えるものだから、近づくのはよそう。さっさと移動してくれれば、問題はない。

キケンを感じても、にらんだり、歯を見せたりするのはよくない。戦うつもりかと、かんちがいされる。知らんぷりをして、サルに無視してもらおう。

不幸にも取り囲まれたら、背中を見せるのは禁物だ。**手足を大きく広げ、サルより大きいことをアピールして、勝ち目がないと思わせよう。**

かみつかれたり、ひっかかれたりしたら、傷も感染症も心配だ。病院でよく調べてもらおう。

目を合わせず、知らんぷりするのがいちばんだ。

囲まれてしまったら、自分を大きく見せよう。

✚ 事故が起きたら➡ p148を見よう

📝メモ 赤いおしりは当たり前？

ニホンザルは、むかしから日本にすんでいる在来種だ。皮ふを通して細い血管が見えるため、おしりは赤く、顔も赤みを帯びている。日本人はむかし話でも親しんでいるので当たり前だと思いがちだが、世界的にみると、こうした赤いサルはとてもめずらしい。

おとなになるほど赤くなり、リーダーのおしりはより赤いことで強さを見せつける。赤いおしりほど、メスにモテるらしい。赤色はそれだけすごいのだ。

87

イノシシ

近づくな！

分類：ほ乳類鯨偶蹄目　分布：本州〜沖縄

きばとスピードには勝ち目なし

キケン度データ

危険度	★★☆
出あいやすさ	★☆☆
場所	山地・里山
被害の多い時期	一年じゅう
おもな被害	かみ傷・刺し傷。感染症の危険も。

体長｜1〜1.6m

✚ 事故が起きたら ➡ p148 を見よう

ここがキケン！ ゆっくりと後ずさろう

思いがけず出あったときのおどろきは、イノシシもヒトも同じだ。だから**まずは鈴や笛、話し声で、「ここにいるよ」と伝える**のがいい。そうすればたいてい、イノシシのほうが避けてくれる。

だけど、子連れイノシシだと子を守るために攻撃してくる可能性がある。そんなときは**イノシシから目を離さず、少しずつ後ろに下がろう**。

食べ物を持っていたら、遠くに投げて気をそらす。石を投げたり、棒切れをふりまわしたりすると興奮するので、絶対にしてはいけない。

イノシシの武器は鋭いきばだ。皮ふが切り裂かれて出血する大けがになる。

力が強いので、骨折もあり得る。かみつかれたら、感染症も心配だ。病院で診察してもらおう。

そーっ……

いいね！

目を離さず、静かに後ずさろう。

 豆ちしき　先のことを考えずに突き進むことを「猪突猛進」という。イノシシの行動に由来することばで、追いつめられてパニックになると時速40キロメートルで突っ走る。だけど、ふだんはそれほどでもないようだ。それに直進だけでなく、急に曲がるのも得意なんだって。

キョン

特定外来生物

近づくな！

生態系が危ない

分類：ほ乳類鯨偶蹄目　原産地：中国南部・台湾　日本国内の分布：関東地方の一部

キケン度データ

危険度	★☆☆
出あいやすさ	★★☆
場所	森林など
被害の多い時期	春〜秋
おもな被害	騒音・農作物の食害など

体長｜70〜80cm

いないはずの場所にいるこわさ

ここがキケン！ 繁殖期には気が荒い

ギャアアー!!（近づかないで）

ビクッ

感染症のおそれも。近づかないのがいちばん！

シカを小型にしたような外来種。観光施設で飼っていたものが逃げだし、野生化した。**生態系や農業への影響が大きく、秋の繁殖期には気が荒くなる。**なわばりを荒らされたと思うと、ヒトを攻撃することもあるそうだ。

シカが好む植物を食べるため、もともとあった草木にも影響がおよぶ。**水稲や野菜を食い荒らしてふんをばらまき、見かけによらず大きな声で「ギャー！」と鳴いて、睡眠もさまたげる。**

さらにこわいのは、感染症だ。キョンの体についたマダニがヒトにとっておそろしい病気を運ぶ一方、ヤマビルの増加につながるという指摘もある。ハンターによる捕獲や防護ネットで防ぐようにしているが、成果はいまひとつなんだって。

 注意　捕獲されたキョンを食べた人たちによると、脂身が少なく、味も悪くない。毛皮も利用できる。だけどそうした利用が広がると、外来種に対して誤ったイメージが伝わるかもしれないし、養殖する人があらわれたら困る。さて、どうすればいいのだろう。良い案をみんなで考えよう。

グリーンイグアナ

近づくな！
生態系が危ない

分類：は虫類有鱗目　原産地：中央アメリカ〜南アメリカ　日本国内の分布：石垣島。ペットが逃げたものは日本各地で。

オトナになれば「走る凶器」に！

キケン度データ

危険度	★★☆
出あいやすさ	★☆☆
場所	水辺の森林
被害の多い時期	一年じゅう
おもな被害	在来生物の捕食・農作物の食害。人を攻撃する可能性も。

全長｜90〜180cm

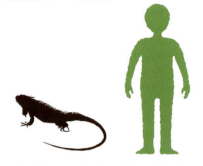

ここがキケン！ 攻撃と食害のダブルパンチ

　鳴かない、くさくないという理由から、グリーンイグアナを飼う人がふえた。幼体（コドモ）はおとなしく、慣れやすいと人気がある。ところが成体（オトナ）は1.8メートルにもなるため、よほどの覚悟と飼育環境がなければ飼い続けるのは難しい。逃げたら、取り返しがつかない。

　沖縄県の石垣島では**捨てられたものが野生化し、大繁殖して問題になっている**。あごの力が強いため、かまれたらたいへんだ。しっぽの破壊力も大きく、あしのつめも武器になる。

　攻撃はこわいし、栽培されている野菜や植物への被害も心配だ。幼体は昆虫も食べるので、自然環境への影響は避けられない。ペットは、成長したときのことを考えて飼うようにしたいね。

大きくなっても、責任をもって最後まで飼おう！

豆ちしき　グリーンイグアナは、頭のてっぺんに「第3の眼」がある。専門的には「頭頂眼」と呼ばれるもので、うろこの1枚だけ、表面がはげたようになっている。といってもふつうの眼と異なり、物を見ることはできない。太陽の位置を知るための器官として備わっているんだって。

ツタウルシ

毒がこわい

分類：ウルシ科　生活のすがた：つる性落葉木本　分布：北海道〜九州

キケン度データ

危険度	★★★
出あいやすさ	★★★
場所	林の中など
被害の多い時期	春〜秋
おもな被害	皮ふ炎

つるの長さ｜3〜6m前後

（部分）

かゆくても絶対にかかないで！

⚠ 3枚葉のつる植物には近づかないように！

若い葉

ここがキケン！ 3枚葉はキケンのサイン

つる性植物のツタウルシは、同じつるから出ている成木の葉がどれもはっきりした3枚葉かどうかで見分けられる。ツタの葉も3枚葉に見えるが、切れ込みは浅く、葉のふちがぎざぎざだ。

ところが、若木のツタウルシの若葉はツタの葉によく似ている。それでも木の幹に張りつくようならツタ、**枝みたいにつきだして葉がつやつやしていたら、ツタウルシだとわかる**。山菜のイワガラミ、ツルアジサイも似た感じだが、葉が丸い。ウルシ科のなかでも**強くかぶれる植物**のようで、**ふれた直後ではなく、数日後に症状が出ることも多い**。まずは水で洗い流し、かゆくてもがまんする。水ぶくれは、決してつぶさない！　ひどい場合には迷わず、お医者さんにみてもらおう。

豆ちしき　なんともやっかいなツタウルシだが、アイヌの人たちは「ウツシ」「ウッシプンカル」と呼び、葉を染料にしてきた。それに、秋になればみごとな紅葉を見せてくれる。かぶれないように遠くからながめると、ツタとはまたちがった美しさがあるよ。

毒がこわい

ヤマウルシ

分類：ウルシ科　生活のすがた：落葉低木　分布：北海道〜九州

「らしい木」には近づかないで！

紅葉

キケン度データ

危険度　★☆☆
出あいやすさ　★☆☆
場所　登山道のわきなどの明るい場所
被害の多い時期　春〜秋
おもな被害　皮ふ炎

高さ｜3〜8m

ここがキケン！タラの芽のそっくりさん

　ヤマウルシはウルシに似てかぶれる木だといわれても、ウルシを見る機会がないので、比べようがない。それで春の新芽の時期には、「山菜の王様」タラの芽（107ページ）とまちがえる人がいる。

　見分けるポイントは、とげだ。**タラノキにはとげがあるが、ヤマウルシにはない**。「山菜の女王」コシアブラの新芽も似ているが、赤っぽいヤマウルシとちがって緑色だ。**秋になるとヤマウルシは早々と紅葉するので、注意するサインになる**。

　それでもヤマウルシにふれたら、**はれたりかゆくなったりする前に水でしっかり洗い流そう**。不幸にしてかぶれたら、洗ったあとで、しっしん・かぶれ用の薬を塗る。山歩きでは肌を隠し、もしかして……と思ったら、近づかないことだね。

メモ　縄文人も使っていた！

　木や竹、紙にウルシの樹液を塗る漆器は、「ジャパン」と呼ばれる時代があったほど歴史のある伝統工芸品だ。ヤマウルシのなかまのウルシは中国から伝わったとされていたが、縄文時代の遺跡から、くしや木の皿、うるしを塗った土器などが見つかった。それで、日本にもともと生えていたのではないかとみられているよ。

　うるしは、法隆寺にある有名な「玉虫厨子」にも使われている。タマムシもびっくり、かもね。

越前漆器。日本を代表するうるし細工。（福井県観光連盟提供）

 注意　うるしかぶれには、サワガニが効くといわれてきた。サワガニをつぶして、その汁をつけると症状がおさえられるそうだ。でも、科学的な根拠はない。雑菌がまじる可能性もあるだろうから、薬がなかったむかしはともかく、現代人がまねをするのはやめたほうがよさそうだね。

ヌルデ

毒がこわい

分類：ウルシ科　生活のすがた：落葉高木　分布：日本全国

キケン度データ

- 危険度 ★☆☆
- 出あいやすさ ★★☆
- 場所　低山〜平地の日当たりのよい場所
- 被害の多い時期　春〜秋
- おもな被害　皮ふ炎

高さ｜3〜10m

なんといってもウルシのなかま

翼

ここがキケン！　葉っぱの羽根で見分けよう

ウルシに代表されるウルシ科の木は、意外に多い。ヤマウルシ、ハゼノキ、ヤマハゼ、マンゴーなどいろいろあるが、もっとも身近に生えるのがヌルデだろう。一度覚えてしまえば、それまで気づかなかったのが不思議に思えてくる。

見分けかたは、かんたんだ。**鳥の羽根を広げたような葉で、葉の軸にあたる部分にも「翼」と呼ばれるかざりがついている。**

かぶれることがあるので、葉をもんだり、樹液にふれたりするのはやめよう。とくに葉の裏側や茎に、かぶれにつながる成分が多いとされる。

かぶれてもウルシほどではなく、かゆみも数日でおさまることが多い。それでも症状が消えなければ、お医者さんにみてもらおうね。

メモ　小さな虫の巨大ドーム

ヌルデの木には、いびつな形の虫こぶができる。体長2ミリメートルほどの小さなヌルデシロアブラムシが集まってつくる葉の奇形だ。

それだけでも不思議なのに、むかしの人はそれを染料にした。布を染めたり、「お歯黒」といって、歯を黒く染めたりした。むかしの映画にはそういう人が登場していて、黒い歯を見せてニッと笑った。ちょっとブキミでこわかったけど、現代の歯医者さんによると、虫歯を防ぐ効果もあったんだって。

 豆ちしき　ヌルデは「塩の木」として知られる。白くてべたっとしたものが実の表面に見られるが、なめてみるとしっかり、塩味だ。海水からとる塩と異なり、リンゴ酸カルシウムという成分なんだって。交通が不便だった時代には、海から離れた山里で塩の代わりに利用されたよ。

毒がこわい

センニンソウ

分類：キンポウゲ科　生活のすがた：つる性多年草　分布：北海道〜九州

仙人がつくった毒の汁？

キケン度データ

危険度	★☆☆
出あいやすさ	★★★
場所	林の周辺など、日当たりのよい場所
被害の多い時期	春〜秋
おもな被害	皮ふ炎

つるの長さ｜1〜2m

実

ここがキケン！　牛馬も食べないこわい草

　実の長い綿毛を仙人のひげに見立てたのが名前の由来とされるが、**茎や葉の汁が皮ふに付くと水ぶくれになる**。そのため、馬も牛も口にしない。「馬の葉落とし」「牛食わず」といった別名もある。葉を食べると、はげしい下痢を起こす。

　おしべ・めしべはあっても花びらはなく、十字形の白い花びらに見えるのはがく片という変わりダネ。「つる性植物の女王」といわれるクレマチスの野生種のひとつでもある。

　有毒植物だと警戒する一方、香りが良いことから庭に植えたり、クレマチスの台木として育てたりする園芸家もいる。そういう人たちはあつかいに慣れているが、基本的には**見るだけにして、手でふれないほうがいい**だろうね。

強い毒性を持つので馬も牛も口にしない。

注意　むかしの人は、生の葉を少しだけ手首にはって扁桃腺のはれをしずめた。作物が不作の年には若葉を煮て水にさらしたり、酢づけにして食べたりしたそうだ。どれも正しい使い方を知っていたから、できたことだろう。知識だけにとどめて、絶対にまねをしないように！

イラクサ

近づくな！

分類：イラクサ科　生活のすがた：多年草　分布：本州〜九州

毒がこわい

キケン度データ

危険度	★☆☆
出あいやすさ	★★☆
場所	山の沢ぞい・林など
被害の多い時期	春〜秋
おもな被害	痛み・はれ・かゆみ

高さ｜40〜100cm

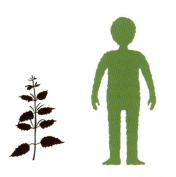

茎や葉に毒のとげが

とげにいらいら、かゆみ止まらず

ここがキケン！ 小さなとげは毒入り注射器

漢字の「棘草」だと、イラクサがどんな植物なのかがわかりやすい。とげの生えた草、と書くからだ。**毛のような小さなとげなのに、いらいらするほどかゆくなる。**「蕁麻」と書くこともあり、「蕁麻疹」のもとになった言葉だともいわれている。**山の沢ぞいや日陰などの湿った場所を歩くとき、シソの葉のようなものが生えていたら気をつけよう。**

イラクサのとげは毒入り袋のようなものにつながっていて、皮ふに刺さると毒が注入される。しかもとげの先が折れるため、痛がゆい。セロハンテープを押しあてるようにしてとげを抜くことはできるが、それ以前に、**肌を出さないかっこうで野山に出かけることを心がけたいね。**

登山道のわきなどに生えているので注意！

豆ちしき アンデルセン童話「野の白鳥（白鳥の王子）」に、イラクサが出てくる。悪いおきさきが白鳥に変えた11人の王子を元の姿にもどすには、妹の王女がイラクサの糸でくさりかたびら（衣服の一種）を編まなければならないというおはなしだ。読むだけで痛々しい気持ちになるよ。

95

毒がこわい

タケニグサ

分類：ケシ科　生活のすがた：多年草　分布：本州〜九州

竹に似るのに黄色い毒汁

キケン度データ

危険度	★☆☆
出あいやすさ	★★☆
場所	山地や平地の空き地など
被害の多い時期	春〜秋
おもな被害	皮ふ炎。誤食した場合は呼吸まひなど

高さ｜1〜2m

誤食したら→p148を見よう

ここがキケン！ まちがっても食べるな！

夏になるとすーと伸びて3メートルになることもあり、てっぺんに白い小さな花を咲かせる。花びらがなく、おしべだけの穂のような感じだ。しかも葉は、キクの葉を丸くして大きく広げたような形で、カシワの葉のようにも見える。いったい、どこが竹に似ているというのだろう。

その答えは、茎の中にある。茎の切り口が中空で、竹に似るからだ。それで「竹似草」となったらしい。竹といっしょに煮ると竹がやわらかくなるともいわれるが、どうもまちがいらしいね。

困るのは、**切り口から出る黄色い汁**だ。**体にふれると、かぶれる。誤って食べると、呼吸が苦しくなったり、心臓まひを起こしたりする。** もしものときは、迷わずに病院だ。

メモ 嫌われながらも大活躍

毒の汁を出し人体にも悪いといわれながら、人間はタケニグサをいろいろと利用してきた。皮ふ病の薬にしたり、ハエの幼虫であるウジ虫をやっつけるのに使ったり、畑の害虫退治に用いたりした歴史がある。

近年は外来植物が問題になるが、タケニグサは在来種だ。そこでほかの植物が育ちにくい場所にタネをまいてふやし、植物が育ちやすい環境づくりに役立てた。田んぼの肥料にした例もある。嫌われものを生かすも殺すも、知恵次第のようだね。

 子どもたちは時に、不思議な遊びを〝発明〟する。消毒薬の「ヨーチン」（ヨードチンキ）に見立てたタケニグサの黄色い汁を、指や腕に塗るのだ。ヨーチンそのものも注意して使わないと、体に良くない。むかしはともかく、もはやまねをしないほうがいい遊びだね。

タラノキ

キケン度データ
- 危険度：★☆☆
- 出あいやすさ：★★★
- 場所：日当たりのよい山野
- 被害の多い時期：春
- おもな被害：刺し傷

高さ｜2～5m

分類：ウコギ科　生活のすがた：落葉低木
分布：日本全国

けがに注意

とげ

とげとげ攻撃に勝ち目なし

ここがキケン！
タラノキは、なんてったって、とげがこわい。新芽の「タラの芽」（107ページ）を山菜として食べればおいしいが、**その芽を守るためにびっしり生えているのが鋭いとげだ。**

対策として役立つのはまず、身じたくだろう。**長そで・長ズボンはもちろん、とげを通さない皮の手袋もあるといい。**タラの芽の採集が目的なら、はさみも用意したい。タラノキが生えている場所では、顔を近づけない注意も必要だ。

それでもとげにやられたら、運が悪いね。傷口を消毒して、ばんそうこうをはっておこう。

豆ちしき　タラノキにとげがなければいいのに——。そんな要望にこたえるために品種改良されて生まれたのが、「とげなしタラノキ」だ。苦みも薄らいだので、食べやすいと感じる人がいれば、野性味が感じられないと嘆く人もいる。人間はなんて、わがままなんだろうね。

ノイバラ

キケン度データ
- 危険度：★☆☆
- 出あいやすさ：★★★
- 場所：山林の縁など
- 被害の多い時期：一年じゅう
- おもな被害：刺し傷／下痢

高さ｜1～5m

分類：バラ科　生活のすがた：落葉低木
分布：北海道～九州

けがに注意　毒がこわい

実

バラにはやっぱりとげがある

ここがキケン！
日本を代表する野生のバラ。「野バラ」とも呼ばれ、冬には葉を落とす。半つる性なので、うっかりすると、ないと思っていたところに生えていたりする。

そのぶん、けがをする可能性が高まる。**長そで・長ズボンに鋭いとげが引っかかったり、肌が出ている手の甲に刺さったりする。**

秋には赤い実が目立つが、食べてはいけない。下剤にするくらいなので、下痢を起こすことがある。

誤食したら→p148を見よう

注意　ノイバラの実である「営実」は、薬になる。便秘だけでなく、ガーゼにエキスをしみこませて、おでき・にきび対策にも使った。肌もきれいになるそうで、化粧品にも使われるよ。むかしの人は自分の判断で使ってきたけど、知識がない人は手を出さないでおこう。

クローズアップ！
食べられるけど要注意の植物！

身近にあり、食べる人がいても気をつけたい植物がある。知らずに手を出したり口に入れたりすると、とんでもないことになるからだ。でも、防ぐのは難しくない。ちょっとした知識があればいいのだ。

➡「トチの実」はクリにそっくり。食べるなら、あく抜きをしっかりしてからだ。

あく抜きが分かれ目
トチノキ

トチノキの実、いわゆる「トチの実」は、クリとまちがえやすい。大つぶのクリみたいで、いかにもおいしそうだ。せんべいとかもちに加工して、あちこちで販売もされているしね。

でも、焼いたりゆでたりしてすぐに食べるのはキケンだ。サポニンという毒になる成分を含むから、あく抜きが不十分だと食中毒を起こす。手間がかかるしコツがあるから、あく抜きは慣れた人にまかせようね。

分類：ムクロジ科　**生活のすがた**：落葉高木　**分布**：北海道〜九州
場所：山の沢ぞいなど　**高さ**：10〜35m

果肉には手を出すな！
オニグルミ

オニグルミは野生のクルミの一種だ。フライパンで炒って殻をこじあければ、食べ慣れた〝タネ〟があらわれる。

気をつけたいのは、まだ青い実だ。果肉には人体の害になる成分があるし、あくもある。とても食べられない。

腐った果肉は、皮ふ炎が心配だ。しっかり乾燥させてから、素手ではなく、ビニールの手袋をはめて取り除くようにしよう。ようやく手にしたクルミはきっと、おいしいよ。

分類：クルミ科　**生活のすがた**：落葉高木
分布：北海道〜九州
場所：川ぞいなど
高さ：7〜10m

まるで青梅？

➡果肉を取り除いたオニグルミ。このかたい殻の中身を食用にする。

甘いけどチクッだぞ！

モミジイチゴ

　木イチゴのなかまで、黄色く熟した実はとても甘い。たくさんとれたら、ジャムにするとおいしいよ。野山を歩くときに見つけるとつい、手を伸ばしがちだ。

　だけど、ちょっと待って！　モミジイチゴはバラ科の植物だから、葉や茎にはとげが生えている。うっかりして手を出すと、ひどい目にあう。

　長そでのシャツを着て、手袋も忘れずに持っていこう。そして、とげに気をつけ、実だけを摘もうね。

分類：バラ科　　**生活のすがた**：落葉低木　　**分布**：北海道〜九州
場所：里山など　　**高さ**：1〜2m

青いうちはこわいぞ

ウメ

　初夏になると、青梅が出回る。それを自分で漬けて、梅干しや梅酒にする人も多い。ところが青梅にはアミグダリンというものがあり、体内で分解されると有毒物質となって、めまいやけいれんを引き起こす。

　梅干しや梅酒になれば、もうだいじょうぶ。それで毎日でも食べられて、健康でいられるのさ。

分類：バラ科　　**生活のすがた**：落葉高木　　**分布**：日本全国で栽培
場所：果樹園・公園など　　**高さ**：3〜10m

見て楽しむのがいちばん

フジ

　ブドウの房のような花を咲かせたあと、フジは細長いさやをつくる。そして時期が来ると、パチッという音を立てて、熟したタネをはじき飛ばす。炒ったタネは、ギンナンやソラマメのような味わいだ。

　しかし、タネには有害成分が含まれる。おとなでも、数粒食べて下痢になった例がある。基本的にキケンと考えて、子どもは食べないほうがいいだろう。

　花や葉のてんぷら、おひたしを好む人もいるが、食べすぎるとやはり、有害だ。見るだけにしよう。

分類：マメ科　　**生活のすがた**：つる性落葉木本
分布：本州〜九州　　**場所**：山地・公園など　　**つるの長さ**：10m以上

→フジのさやの中には、濃い茶色の平べったいタネが数個入っている。

99

毒がこわい

命の危険

トリカブト

分類：キンポウゲ科　生活のすがた：多年草　分布：北海道〜九州

山菜によく似た最強の毒草！

キケン度データ

- 危険度　★★★
- 出あいやすさ　★☆☆
- 場所　山地の木かげや草原など
- 被害の多い時期　春
- おもな被害　けいれん・呼吸不全など

高さ｜80〜150cm

チャンピオンの教え

山菜や薬になる植物を見つけるとうれしい。薬用のゲンノショウコもそうだが、芽出しのころは有毒植物のチャンピオン、トリカブトに似ている。まちがえたら命とりだ。それで有毒植物をまず覚えようという気持ちになった。トリカブトの教えに感謝！

 豆ちしき　ギリシャ神話によるとトリカブトは、地獄の番犬・ケルベロスのよだれから生まれたそうだ。ヨーロッパには、オオカミ男に変身したり、人間にもどるために使われたりしたという伝説がある。さらには、吸血鬼・ドラキュラも遠ざけたとか。まさに万能薬だったんだね。

ここがキケン！「他人の空似」に気をつけろ！

トリカブトは**世界的に有名な有毒植物**で、秋になるとむらさき色の花を咲かせる。ちょっと変わった形で目立つ色の花なので、一度でも写真を見ればほかの植物とまちがえることはなさそうだ。

誤って口にすると、死に至ることもある。なのに誤食が絶えないのは、似た葉の植物が多いからだ。

モミジガサ、ニリンソウ、ゲンノショウコ、ヨモギの採取では、とくに気をつけよう。葉を広げ始めた春先は激似のトリカブトの葉とまちがえやすい。それぞれの若い葉の形をしっかり覚え、ニリンソウなら春に白い花を確認すること！　**識別に自信がないときには、決して手を出さないようにしよう。**

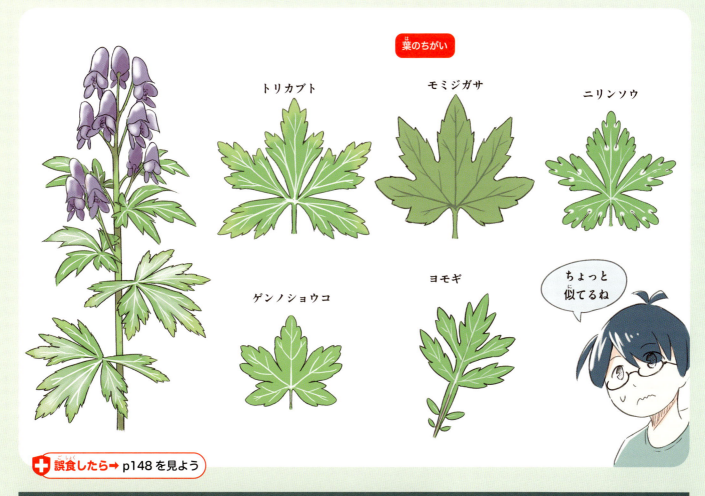

葉のちがい：トリカブト／モミジガサ／ニリンソウ／ゲンノショウコ／ヨモギ　「ちょっと似てるね」

➕ 誤食したら ➡ p148 を見よう

📝メモ 読み方で大きく変わる

全体が有毒のトリカブトだが、なかでも強力なのがイモのような根だ。しかし毒だからこそ、うまく使えば薬になる。生薬は、使う部分によって「附子」「烏頭」などと呼び分ける。熱が加わると毒性が弱まり、薬に変わるのだ。

同じ「附子」でも「ぶす」と読めば、毒薬となる。国語の教科書にものった狂言の「附子」は、猛毒だといわれたのに、じつは砂糖だったというオチがつく。ほんとうに「ぶす」だったら、とんでもないことになっていたね。

101

毒がこわい / 命の危険

ドクウツギ

分類：ドクウツギ科　生活のすがた：落葉低木　分布：北海道・本州

うまそうだけど赤い実は猛毒！

キケン度データ

危険度	★★★
出あいやすさ	★☆☆
場所	山地・川原などの日当たりのよい場所
被害の多い時期	夏～秋
おもな被害	嘔吐・けいれん・呼吸まひなど

高さ｜1～2m

🏥 誤食したら➡ p148を見よう

ここがキケン！ うっかりタッチもこわい

ドクウツギは葉や茎にも毒があるが、とくに注意したいのは、いかにもおいしそうな赤い実だ。正しくいうと肥大した花弁と子房からなる「偽果」で、熟すと黒っぽくなり、ブルーベリーの実のようにも見える。偽果をなめると甘いそうだが、命にかかわるから絶対にまねをしてはいけない！

トリカブト、ドクゼリと並ぶ「3大有毒植物」のひとつとされ、**戦前は食べて死ぬ子どもが何人もいた**。そのため根絶しようという運動が広がり、いまでは絶滅が心配される地域もあるほどだ。

木にふれて皮ふから有毒成分が吸収されると、かぶれたり、水ぶくれになったりする。見る機会は少ないかもしれないが、それらしい木があったら、その場を離れるのが正解だろうね。

実　葉

山野の日当たりのよい場所に生える。

豆ちしき　ドクウツギには「イチベエゴロシ」のあだ名がある。市兵衛という人が実を食べて死んだからとか、毒性を利用して害虫をやっつけたからとか、いろんな説がある。地域によっては、「オニゴロシ」「ネズミゴロシ」とも呼ばれた。それにしても、どれもこれもおっかない名前だね。

シャグマアミガサタケ

毒がこわい

分類：菌類フクロシトネタケ科　分布：本州

命の危険

キケン度データ

危険度	★★★
出あいやすさ	★☆☆
場所	高山の針葉樹林など
被害の多い時期	春
おもな被害	嘔吐、腹痛、肝臓・腎臓の障害

高さ｜5〜8cm程度

誤食したら→ p148 を見よう

"脳みそきのこ"に手を出すな！

ここがキケン！ 名前にまどわされないで！

「シャグマ」は、赤かっ色のクマの別名とも赤く染めたヤクという動物のしっぽの毛ともいわれ、このきのこの特徴をよくあらわす。実際には、赤っぽい脳みそみたいなイメージだ。

まぎらわしいことに、春になると姿を見せるアミガサタケというきのこがある。バターいためにして食べるとおいしく、フランスでは高級食材とされている。だからアミガサタケの味を知っていると、ブキミな感じはしても、そのなかまだと思って食べたくなるかもしれない。

だが、それはアウトだ、完全に！　**吐き気がして息もできなくなり、最悪の場合には死ぬ**。煮ているときの湯気を吸うのもキケンだ。似た名前にまどわされてはいけない例として覚えておこう。

きのこ狩りはかならずくわしい人と一緒に行こう。

いいね！

豆ちしき　おっかないシャグマアミガサタケだが、学名の一部には「食べられる」という意味の言葉が付く。北ヨーロッパには食用の歴史があり、十分に煮て煮汁は使わないといった正しい調理法なら、問題ないとされてきた。フィンランドの人たちは珍味として、いまも食べているそうだよ。

カエンタケ

毒がこわい / 命の危険

分類：菌類ボタンタケ科　分布：日本全国

キケン度データ

危険度	★★★
出あいやすさ	★☆☆
場所	広葉樹林
被害の多い時期	夏～秋
おもな被害	皮ふ炎／嘔吐・下痢・腹痛・神経障害など

高さ｜2～15cm

➕ 誤食したら→p148を見よう

タッチだけでもただではすまない

ここがキケン！ 地獄からの赤い手招き

地面からつきだした赤い手とか炎を思わせるきのこがカエンタケだ。「カエン」は「火炎」だから、納得の命名ではある。近年ふえているのか、ニュースになることも多くなった。

少しでもさわれば手がただれ、毒性成分が皮ふにゆっくりとしみ込んでいく。ふれたと思ったら、せっけんでよく洗うことだ。せっけんがなかったら、水かお茶で洗い流し、時間がたってもいいのでせっけんで洗い直すのがいい。

誤って食べたら、無理にでも吐きだして、病院へ。急がないと**手足がしびれ、内臓や脳に障害が起きることもある**という。ひどい場合は死んでしまう。初夏から秋にかけての山歩きでは、枯れたナラ類の根元などに生えていないか、要注意だ。

いいね！ うっかりふれてしまったら、せっけんでよく洗おう！

⚠️ 注意　カエンタケは以前、なかなか見つからないきのこだった。それで毒性成分もはっきりしなかったが、1990年代に入って中毒した例が報告されるようになった。天ぷらにして食べた人が高熱を出し、髪の毛が抜けたり、運動機能に障害が起きたりした。小脳も縮んでいたという。

バイケイソウ

分類：ユリ科　生活のすがた：多年草　分布：北海道・本州

キケン度データ

危険度	★★★
出あいやすさ	★☆☆
場所	林・湿地など
被害の多い時期	春
おもな被害	嘔吐・手足のしびれ・けいれん・呼吸困難など

高さ｜1〜2m

（芽）

誤食したら→p148を見よう

疑わしきは口にせず！

ここがキケン！ おみやげにも注意しよう

山菜とりやハイキングなどで目にすると、つい手を伸ばしがちな毒草がバイケイソウ、コバイケイソウだ。ひとことで説明しづらい植物だが、山菜として食べるオオバギボウシ（ウルイ）やギョウジャニンニク（アイヌネギ）を知っているとまちがえる。たしかにそっくりだが、バイケイソウ類の葉脈は平行になっている。

ゆでても天ぷらにしても毒性成分は消えず、吐き気や手足のしびれ、めまいなどが起きる。 食べすぎれば、命にかかわる。誤って口にしたらすぐに吐きだし、お医者さんにみてもらおう。

ウルイやアイヌネギに似ていると思っても、まずは疑ってかかることだ。**おみやげにもらっても、見分ける自信がなければ食べてはいけない。**

バイケイソウ　ギボウシ類

山菜採りのお土産のオオバギボウシだよ

自信がなければ食べないように！

草食動物のシカはいろいろな樹木や草をえさにする。しかし有毒植物であるバイケイソウやトリカブトは、人間と同じように食べないとされてきた。ところが最近は、そうした植物まで食べる例が報告されている。それシカなかったからなのか、毒は平気なのか、気になるね。

105

【速報】　キケン！新聞　2025年1月12日

毒草の言いぶん
一日一種

私は毒草
チョウセンアサガオ
最近は街で自生していることもあるわ

私たち植物は動けないだから動物たちに食べられてしまうことも多い
でも毒を持っていれば安心ね♪
あぁっ！

この草毒があるやつだ！
子どもが口に入れたら大変！
危険だ！駆除しよう！
えぇっ！？
ガーン

自分の身を守るために毒を持っているのに…
結局、駆除されちゃった…
燃えるゴミ

取材を終えて

貝津さんと山を歩くと、植物の名前だけでなく、その利用法までたちどころに答えてくれる。まるで、「歩く植物図鑑」のような人で、参考になることが多い。

そんな達人でも、時には失敗もあると聞いておどろいた。学ぶことが多いが、それだけはまねしないようにしようと思った。

インタビューしたのは……

貝津好孝（かいつ・よしたか）さん

福島中医学研究会会長。薬剤師の資格も持ち、福島県伊達市で漢方薬の店を経営する。薬草だけでなく、きのこ類にも詳しい。日本冬虫夏草の会の副会長も務める。『日本の薬草』というフィールドガイドの著書がある。

薬草でつくる「紫雲膏」

「わたしがいつも持ち歩くのは、これだけです」

薬剤師でもある貝津さんは、山歩きをするときには自分でつくった「紫雲膏」を忘れない。やけどの特効薬として有名だが、ひび・くちびるの荒れにも役立つという。

山に行くときにはおもに、止血剤として持っていく。

原料は、薬草のトウキとムラサキの根。豚のあぶら、みつろう、ごま油も使って、塗り薬に仕上げる。「とげを抜いて塗るといいです。塗っているととげが抜けることもある。ちょっとかぶれたら、治まりますよ」

江戸時代の有名な医師・華岡青洲が考案したとされ、専門家ならではの名薬といえそうだ。

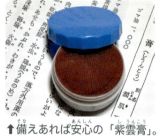
↑備えあれば安心の「紫雲膏」。薬局などで手に入る。

↑トウキ（左）とムラサキ（右）

だと知っていても、そうでない実を見て、食べられそうだとかんちがいすることもある。だから、「実はキ

ケン！」。そう思っているほうが無難だという。

「江戸時代のお医者さんは、知識があってもたびたび失敗しました。毒はもう抜けただろうと思い、それを確かめるために口に入れて死んだ。**プロでもまちがいは**

起きるのです」

そう話す貝津さん自身、カヤの実とイヌガヤの実をまちがえて食べたことがある。イヌガヤの実を炒って食べたら猛烈な吐き気がして、苦しんだ。食用きのこの中にまじっていた毒きのこに気づかずに食べたこともあるそうだから、油断はできない。

本をよく読んでいて薬草を学ぼうとするおとなでも、失敗は起きる。実物を知らないと、野山では正しく識別できないのだ。命にかかわることもある。**子どもならなおさら、知ったかぶりをしてはいけない。**

> ### 写真ではわからない

立ちどまって考えよう

キケン！新聞

プロもたまにはまちがえる

↑山で見つけた毒草のマムシグサの実を観察する貝津好孝さん（福島県伊達市で）

2025年1月12日
キケン！新聞社
東京本社

今日の格言

生兵法は
大けがのもと

……「兵法」とは戦争のしかたのこと。中途半端な知識でのぞむと、かえって大失敗をするという意味のことわざだ。キケン生物に向きあうときにも、まったく同じことが言える。知ったかぶりは絶対にダメだよ！

野山を歩くと、キケンな植物に出あう機会がふえる。どうすればキケンを避けられるのか。福島中医学研究会会長の貝津好孝さんの話を聞いた。（谷本雄治）

家から一歩出れば、野生の植物を目にせずに進むのは難しい。だからなにより身じたくが欠かせない。ハイキングや山菜とりで野山に出かけるときには、キケンな植物から身を守るための服装を心がけることが大切だと貝津さんは言う。

山菜とりなら手袋も

「長そで・長ズボンというかっこうなら、まずだいじょうぶです。だけど、**山菜をとる予定があれば、手袋もあるといいですね**」

「山菜の王様」と呼ばれるタラの芽は人間や野生動物に食べられないようにするためなのか、鋭いとげで新芽を守る。「アイコ」の呼び名で知られるミヤマイラクサもやっぱり、とげだらけ。山菜でなくても、カナムグラやサルトリイバラもとげに気をつけないとひどい目にあう。

↑タラノキ。新芽を食べられないよう、鋭いとげで守っている。

実には手を出すな！

「図鑑でトリカブトを見てよく知っているつもりでも、山菜にするニリンソウを摘む春には見分けにくい。そうでなくても、**まちめて採取するときに、毒草が混じることもありますよ**」

貝津さんによると、毒があるかどうかを確かめようとして毒にあたる例もあるそうだ。ヒョウタンボクやアオツヅラフジの実は有毒

「植物にふれるとき、食べるときにはよく考えて行動しましょう。クサノオウやタケニグサの茎から出る汁は、肌が荒れる原因になる。うっかりして汁がついたら、すぐに洗うことをすすめます」

ヤマウルシやツタウルシにさわっても平気な人がいれば、すぐに症状が出る人もいる。個人差が大きいので「必ずこうなる」ということはないが、口に入れる場合には十分な注意が必要だ。

毒がこわい

ハシリドコロ

分類：ナス科　生活のすがた：多年草
分布：本州〜九州

高さ｜30〜60cm

（芽）

キケン度データ

危険度	★★☆
出あいやすさ	★☆☆
場所	林・沢ぞいなど
被害の多い時期	春
おもな被害	嘔吐・けいれんなど

知っておきたい
名前の由来

ここがキケン！

しめり気のある林などに生えている。誤って食べた人が幻覚にまどわされ、苦しんで走り続けたことからハシリドコロという名前になったとか。

よくまちがえるのは新芽だ。ふきのとうやオオバギボウシ（ウルイ）に似て、おいしそうな山菜に見える。**知らずに食べると幻覚が見えたり、めまい・吐き気がしたりする。** ふれた手で目をこすっただけで、瞳孔が開くともいわれる。頼るのは病院だ。

➕ 誤食したら ➡ p148を見よう

豆ちしき 江戸時代の「シーボルト事件」で知られるドイツの医師・シーボルトは、ハシリドコロがベラドンナという薬草の代わりになると当時の眼科医に教えた。それでいまも、薬として使われる。ハシリドコロを手にしたそのお医者さん、うれしくて走り回りたい気分だった、かもね。

毒がこわい

アオツヅラフジ

分類：ツヅラフジ科　生活のすがた：つる性落葉木本
分布：日本全国

つるの長さ｜1〜2m

（部分）

キケン度データ

危険度	★★☆
出あいやすさ	★★☆
場所	藪など
被害の多い時期	秋
おもな被害	呼吸まひ・心臓まひ

青い実に
まどわされるな！

タネ

ここがキケン！

秋になると、小さなブドウのような青い実をつける。房になっているものが多く、植物にくわしくないと、ヤマブドウやエビヅルの実とまちがえることもありそうだ。

しかし、それらとかんちがいして、実やつる、根を食べてはいけない。**アオツヅラフジ全体に有毒成分があり、息ができなくなったり、心臓まひを起こしたりする。** すぐに吐きだすのはもちろん、息苦しさを感じるようなら、病院にかけこもう。

➕ 誤食したら ➡ p148を見よう

豆ちしき アオツヅラフジの青い実の中にあるタネは平べったく、うずを巻くような感じだ。それでカタツムリのようだとか、くるんと丸まったイモムシのようだといわれる。だけどそれよりも、アンモナイトにそっくりだ。地面に落ちているのを見ると、化石のようでおどろくよ。

シキミ

分類：マツブサ科　生活のすがた：常緑小高木
分布：本州〜沖縄

毒がこわい

キケン度データ
危険度	★★☆
出あいやすさ	★★☆
場所	山林・寺社・墓地など
被害の多い時期	秋
おもな被害	嘔吐・けいれんなど

高さ｜2〜10m

ここがキケン！

一年じゅう青々とした常緑樹で、お寺やお墓に植えられる地味な木。シキミの名は、「悪しき実」に由来するといわれる。全体が有毒だが、毒の成分はとくに、果皮に多い。

症状は早くあらわれ、腹痛や下痢、まひが起きたり、意識がぼやけたりする。 大きな体の牛でさえ死ぬ例もある。中華料理で使う「八角（スターアニス）」に似るが、八角はトウシキミの実で、シキミとは別種だ。まちがえないように気をつけよう。

誤食したら→p148を見よう

料理に使おうなんて考えるな！

豆ちしき 毒があるのにシキミを植えるのは、土葬をしていた時代のなごりだとか。けものやカラスに荒らされないようにするのがねらいだった。毒性を生かして、家畜の寄生虫対策にもした。独特の香りがする葉や枝を粉にしたものを水で練って形をととのえ、線香にすることもあるよ。

キケマン

分類：ケシ科　生活のすがた：多年草
分布：日本全国

毒がこわい

キケン度データ
危険度	★★☆
出あいやすさ	★☆☆
場所	登山道ぞいなど
被害の多い時期	春〜夏
おもな被害	嘔吐・心臓まひなど

高さ｜20〜60cm

ここがキケン！

名前に使われている「ケマン」は、仏像を飾るきらきらした「華鬘」からの連想らしい。むらさき色の花が咲くムラサキケマンもある。

花が咲く前の葉は、「山ニンジン」と呼ばれる山菜のシャクの葉によく似ている。キケマンは毒草なので、摘んではいけない。

もしも**口にしたら、めまいや息苦しさを感じ、心臓まひを起こす。** ペットが食べる可能性もあるので、誤食したら、どちらも大急ぎで病院へ！

誤食したら→p148を見よう

ニンジンに似た葉に気をつけろ！

豆ちしき 毒草のキケマン、ムラサキケマンを食べて自分の身を守るチョウの一種がウスバシロチョウだ。氷河期の生き残りともいわれ、半ばすき通ったような美しいはねを持つ。アゲハチョウのなかまなのに「シロチョウ」というのはおかしいと、ウスバアゲハと呼ぶことも多くなった。

クララ

分類：マメ科　生活のすがた：多年草
分布：本州〜九州

あだ名から特性を想像しよう

高さ｜80〜150cm

キケン度データ

危険度	★★☆
出あいやすさ	★☆☆
場所	草地など
被害の多い時期	春〜秋
おもな被害	嘔吐・けいれんなど

ここがキケン！

クララは、日当たりの良い土手や道ばたに生えるマメ科の植物だ。同じ科のハギにも似るが、寒くなると葉や茎が枯れ、次の年に再び、姿を見せる。そのため草に分類される。エンジュという木にも似るため、「クサエンジュ」とも呼ばれた。「ウジゴロシ」の名もあるように、草全体に毒性がある。**とくに強いのが根の毒で、体をまひさせたり、息ができなくしたりする。** その力をコントロールして、漢方では胃や皮ふの病気に用いるけどね。

誤食したら ➡ p148 を見よう

注意　西洋人の名前みたいなクララだが、じつはれっきとした日本在来の植物だ。ひとたび口にすれば、くらくらっとしてくるため「くらくら草」と呼ばれるようになり、そのうち「クララ」に変わったとか。そう聞くと試してみたくなるかもしれないが、もちろん、やめておこうね。

ヒョウタンボク

分類：スイカズラ科　生活のすがた：落葉低木
分布：北海道〜四国

毒がひそむ奇妙な赤い実

高さ｜1〜1.5m

キケン度データ

危険度	★★☆
出あいやすさ	★☆☆
場所	山地
被害の多い時期	夏
おもな被害	嘔吐・けいれんなど

ここがキケン！

花の色が白から黄に変わるスイカズラは、「金銀花」という名前でも知られる。同じスイカズラ科であるヒョウタンボクの花も色変わりするので、「キンギンボク」の名前で呼ぶ人も多い。

ひょうたんにたとえた名前は、2個ずつくっついたような実に由来する。そんな実があれば味見をしたくなりそうだが、その結果、毒にあたる。**下痢やけいれんが起き、死ぬこともある。** ユニークな形とともに、猛毒であることを忘れないようにしよう。

誤食したら ➡ p148 を見よう

注意　美しく、しかも時間とともに色が変化する花が咲き、そのあとには奇妙な形の赤い実ができる。そんなヒョウタンボクに魅力を感じる人は多く、庭木として植えたり、盆栽にしたりする。ながめるだけなら問題はないけど、実のつまみ食いは絶対にしないように！

110

マムシグサ

分類：サトイモ科　生活のすがた：多年草
分布：北海道〜九州

キケン度データ

- 危険度：★★☆
- 出あいやすさ：★★☆
- 場所：山地の林など
- 被害の多い時期：秋
- おもな被害：皮ふ炎／嘔吐・下痢

高さ｜30〜60cm

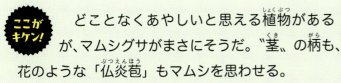

ここがキケン！
どことなくあやしいと思える植物があるが、マムシグサがまさにそうだ。"茎"の柄も、花のような「仏炎苞」もマムシを思わせる。

しかも毒がある。赤い大つぶのトウモロコシみたいな実も土の中にある芋もキケンで、汁が手につけば皮ふ炎を起こす。

実を食べると下痢や心臓まひの起きる可能性がある。すぐに吐きだしても、おどろくほどくちびるが腫れる。お医者さんに助けてもらうしかない。

仏炎苞

実

マムシと同じでこわすぎる！

+ 誤食したら → p148 を見よう

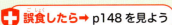

豆ちしき　マムシグサには雄株と雌株があり、キノコバエという蚊のように小さな虫をだまして受粉する。雄株の仏炎苞に入って体に花粉をつけたあとで雌株に入ることで、めしべに花粉が届く。しかし、出口がない雌株の仏炎苞からは逃げだせず、死んでしまう。ちょっと気の毒な虫だ。

ホウチャクソウ

分類：イヌサフラン科　生活のすがた：多年草
分布：日本全国

キケン度データ

- 危険度：★☆☆
- 出あいやすさ：★★☆
- 場所：山地・丘陵の林など
- 被害の多い時期：春〜夏
- おもな被害：下痢・腹痛・嘔吐

高さ｜30〜60cm

ここがキケン！
よく似た感じのアマドコロやナルコユリは山菜として食べるが、ホウチャクソウには毒がある。ホウチャクソウは茎が枝分かれしたようになるので、見分けるときのポイントにしよう。

それに多くの場合、摘んだときに独特のにおいを発するので、食べられそうにないとわかるはずだ。

それでも気づかずに食べると、吐き気やめまいなどの症状があらわれる。運が悪いと、命を落としかねない。すぐに吐きだし、お医者さんにみてもらおう。

においをかいでキケンに気づけ！

+ 誤食したら → p148 を見よう

豆ちしき　チゴユリは、ホウチャクソウに近い植物だとされる。しかも基本的には毒草とされているので、注意が必要だ。ところが仲がいいのか、この両者の雑種ができることがある。その名前も合体し、ホウチャクチゴユリと呼ばれる。両種の中間的な特徴を持つそうだよ。

エゴノキ

毒がこわい

分類：エゴノキ科　生活のすがた：落葉高木
分布：日本全国

高さ｜7〜8m

キケン度データ

危険度	★☆☆
出あいやすさ	★★☆
場所	山地・丘陵の林など
被害の多い時期	夏〜秋
おもな被害	胃腸炎・腹痛など

実を手にしても口に入れるな！

実

ここがキケン！

つりがね状の白い花が雪を思わせるからか、英語では「スノーベル」という。花のあとにできる実はヤマガラや数種のゾウムシが好み、アブラムシが奇妙な形の虫こぶをつくる。

そんなエゴノキの実をかじると、えぐい味がする。えぐい木だからエゴノキというわけだが、それはつまり、毒があるということだ。**シイの実に似た茶色いタネを誤って食べると、のどや胃の粘膜が炎症を起こす。見るだけにして、決して食べないで！**

➕ 誤食したら➡p148を見よう

注意 エゴノキは、「せっけんの木」とも呼ばれる。青い実をつぶして水の中でかきまぜると、泡が立つ。それがせっけんの代わりになるのだ。試しによごれものを洗うのはいいが、肌が弱い人は手袋をはめよう。顔や髪の毛を洗うこと、シャボン玉遊びはキケンだからやめておこうね。

ユズリハ

毒がこわい

分類：ユズリハ科　生活のすがた：常緑高木
分布：東北地方の南部〜沖縄

高さ｜5〜10m

キケン度データ

危険度	★☆☆
出あいやすさ	★★★
場所	山地。庭などにも。
被害の多い時期	春〜秋
おもな被害	呼吸困難・心臓まひ

縁起よくても最大限の注意を！

ここがキケン！

新しい葉が十分に育つと、若い葉に場所をゆずるようにして古い葉が落ちる。それがユズリハの名前の由来だと聞くと、なるほどと思える。そんなことから縁起のいい木として、葉を正月にかざる習慣も残っている。

だがじつは、**葉や実に猛毒を隠し持つ木でもある。**牛が食べて死んだ例もあるくらいだから、もちろん食べられない。めでたいからと、葉をお皿代わりにするのもよくない。息ができなくなり、心臓まひを起こすおそれがある。**安全のため、切り落とした枝や葉を燃やすのもやめたほうがいいだろう。**

豆ちしき　ユズリハの木はかたくて粘り気がある。その特性を生かし、縄文人は「石おの」の柄にしていた。福井県の鳥浜貝塚で見つかった柄の6割がユズリハだったそうだ。しかも幹から伸びたままの枝を柄にしたようで、世界的にも珍しい例だという。縄文人、えらい！　スゴい！

第3章
水辺
（みずべ）

毒がこわい

アマガエル

分類：両生類無尾目　分布：北海道〜九州

かわいいからと油断するな！

キケン度データ

危険度	★☆☆
出あいやすさ	★★★
場所	水田・池・用水路やそのまわりの草むら
被害の多い時期	春〜秋
おもな被害	痛み

体長｜20〜45mm

実際の大きさ

ここがキケン！ とにかくしっかり手を洗え

アマガエルは、いまも多くの田んぼにすんでいる。体のわりに大きな声で鳴くので、びっくりする人も多いだろう。かんたんにつかまることから、子どもたちの良い遊び相手にもなっている。

だから毒を持つと聞けばおどろくが、ふつうにイメージする毒とはちがう。かびなどの有害物質からアマガエルの身を守る、タンパク質の一種だ。手でつかんでも、毒にやられることはない。

問題は、アマガエルにふれた手で目や口をこすることだ。そのタンパク質のはたらきにより、痛みを感じたり、はれたりする。**水ですぐに手を洗い、うがいもしておこう。**油断してはいけないが、生きものにさわったら手をしっかり洗う習慣が身についていれば心配はない。

触れるのはいいけど目をこすったりはせず後で手を洗おう

豆ちしき　アマガエルは、体の色を器用に変える「変装名人」だ。皮ふの下には3層になった色素細胞があり、目で感じとったまわりの色や温度・明るさなどに反応して体色を変化させる。青いアマガエルがたまに見つかるのは、黄色の色素が生まれつき欠けているためだそうだよ。

ヒキガエル

毒がこわい

分類：両生類無尾目　分布：日本全国

キケン度データ

- 危険度　★☆☆
- 出あいやすさ　★★★
- 場所　湿地・池・沼・田畑など
- 被害の多い時期　春〜秋
- おもな被害　目の炎症など

体長｜8〜15cm

強毒の持ち主はあわてない

ここがキケン！ なるべくそっとしておこう

ヒキガエルはおもに夜行性で、野菜畑では害虫をつかまえて食べるので農家に喜ばれる。とびはねることもなく、地面をはうようにしてゆっくり進み、人間をおそう心配もない。

だが、**目の後ろにある「耳腺」というふくらみから乳液が出てきたら、要注意だ**。ブフォトキシンという強力な毒性成分で、**口に入ると息ができなくなったり、胸が苦しくなったりする**。毒液がついた手で何かを食べてもいけない。

目をこするのもダメだ。かゆくても、手を洗い終えるまで、がまんしよう。

もしも目に入ったら、水道の水を目に直接当てるようにして、しっかり洗い流すこと。そのあとは念のため、眼科の診察を受けよう。

メモ！ オオヒキガエルが大暴れ

サトウキビ畑の害虫退治で持ち込んだ外来種のオオヒキガエルが、八重山諸島や小笠原諸島でふえている。大きさは世界最大級。毒も強力で繁殖力もおう盛なので、生態系のバランスが保てなくなっている。

生息が広がる島々に、オオヒキガエルの天敵はほとんどいない。仮におそって食べると、毒にやられる。オタマジャクシが多すぎて、水の汚染が問題になったこともある。なんとかしようと、対策を探っているのが現状だ。

特定外来生物

豆ちしき　巨大なヒキガエルも、始まりは小さな卵だ。親ガエルが春早く、何匹も集まって産卵する。ところが、その時期に水のある田んぼが激減した。水がないと、オタマジャクシは生きられない。毒はあるけど害虫も退治するのだから、なんとかして水のある環境を守っていきたいね。

アカハライモリ

分類：両生類有尾目　分布：本州〜九州

派手すぎる
赤いおなかは
赤信号

腹側の模様→

キケン度データ

危険度	☆☆☆
出あいやすさ	☆☆☆
場所	郊外の池や沼、小川、水田など
被害の多い時期	春〜秋
おもな被害	痛み・炎症

全長 | 7〜14cm

ここがキケン！ しっかり手洗いが大原則

　ざらざらした感じのせなかを見せていたかと思うと、くるっと向きを変えておなかを見せる。その赤と黒のまだら模様を見せられたら、どんな敵もはっとするだろう。アカハライモリの赤いおなかには、それだけの迫力がある。まさに無音のアラームといったところだ。

　イモリは、**フグと同じテトロドトキシンというおそろしい毒を持つ**。といっても、手でイモリにふれただけなら、多くの場合、なんともない。

　だけど**その手で口をさわったり、目をこすったりしたら、もちろんキケンだ**。生きものにさわったらすぐに手を洗う習慣が身に付いていれば大事には至らないが、注意だけはおこたらないようにしよう。

メモ ヤモリとは"赤の他人"

　名前も見た目も似ているせいか、イモリとヤモリはよくまちがえられる。なかでも一番のちがいは、すむ場所だろう。イモリはカエルと同じ両生類で、水辺にすむ。ヤモリはトカゲのなかまのは虫類だから、陸でくらす。

　前あしの指の数も異なり、4本指のイモリに対して、ヤモリは前後とも5本指。しかもヤモリのあしの裏は物にくっつきやすい細かい毛でおおわれていて、かべだって平気でぺたぺた登れるんだ。

　ヤモリは親も子もそっくりなのに、イモリにはオタマジャクシの時期がある。そこも大きなちがいだね。

ヤモリ

 イモリがすごいのは、その再生能力だ。同じ両生類のサンショウウオのあしやカエルの幼生であるオタマジャクシのしっぽも再生するが、イモリにはかなわない。あしやしっぽはもちろん、心臓も脳も元通りになる。しかも何回もくり返し再生するそうだから、うらやましいね。

特定外来生物 ヌートリア

生態系が危ない

分類：ほ乳類ネズミ目　原産地：南アメリカ　日本国内の分布：本州の東海地方より西

近づくな！

キケン度データ

- 危険度　★★☆
- 出あいやすさ　★★★
- 場所　川・湖・沼
- 被害の多い時期　春〜秋
- おもな被害　水草・作物の食害、堤防・あぜの破壊

体長｜50〜70cm

水辺の動植物が泣いている

ここがキケン！ 見のがせない環境への影響

ヌートリアは、巨大なネズミの外来種だ。

そう言ってしまえばその通りだが、見たことがないとイメージするのは難しい。

「ヌートリア」はスペイン語でカワウソの意味。水辺の生活に適した動物で、後ろあしに水かきがあり、泳ぎが得意。西日本を中心にすみかを広げ、ヨシやマコモなどの水生植物を食べている。そのため、そうした場所にすむ生きものへの影響も大きい。**土手や田んぼのあぜ、ため池がこわされ、水稲を中心に農作物への被害もふえている。**

例はそれほど多くないようだが、かみつかれたり、引っかかれたりすることもある。**悪い病気を持っている可能性もあるので、見つけても、むやみに近づかないのがいちばんだ。**

メモ　運命変えた養殖ブーム

いまは「害獣」とされるヌートリアだが、歴史をふり返ると、第2次世界大戦にふりまわされた印象が強い。

大きな養殖ブームが2度あった。最初は戦地に送る毛皮と食料にするための養殖で、戦争の「勝利」にかけた「沼狸」の名前も広まった。そして戦後には食料不足を乗り切るための増産が計画されたが、食べ物がふえてくるとブームはしぼんだ。

その後も一時的な毛皮ブームが起きたが、価格が暴落すると捨てられ、野生化した。その子孫がいま、暴れているようだ。そう考えると、ちょっと気の毒？

ヌートリアに似た外来種に、マスクラットがいる。毛皮にする目的で持ち込んだものが野生化し、関東の一部で繁殖した。流れのある川ではなく、沼のような場所を好み、水中に入り口がある巣をつくる。過去にはハス田が荒らされたが、水辺の減少で個体数は減りつつあるようだ。

近づくな！
生態系が危ない

カミツキガメ 特定外来生物

分類：は虫類カメ目　原産地：北アメリカ〜南アメリカ北部　日本国内の分布：千葉県・静岡県など

つかまえようと考えないで！

（環境省HPより）

キケン度データ

危険度	★★☆
出あいやすさ	☆★★
場所	流れのゆるやかな水辺
被害の多い時期	春〜秋
おもな被害	かみ傷や骨折の可能性／在来生物の捕食

甲らの長さ｜35〜50cm

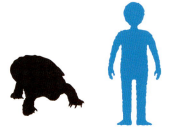

まだいなかったころの話

子どものころ、イシガメをつかまえに行った。でも、板切れのくぎを踏んで、早々に引きあげた。痛かったが、カミツキガメでなくて幸いだった。
まだ野生化していない時代の話だが、見ればきっと、珍しいからと手を出した。そう思うと、ぞっとする。

 カメの多くは、危険がせまると甲らの中に頭やあしをさっとひっこめる。同じカメでも、カミツキガメにはそれができない。その代わり、体のパーツが分厚くかたいので、そのままで敵に立ち向かう。いってみれば、いつもよろいを身に着けているようなものなのだ。手ごわいぞ！

ガシッとかみつき、生態系こわす

ここがキケン！

カミツキガメとは、まさにぴったりの命名だ。気が荒く、がんじょうなあごの力にものをいわせて、ガシッとかみつく。**成長すれば人間の指をかみきるパワーがあるそうだから、おそろしい。**

1960年代にペット用の輸入が始まり、90年代には野外で見つかるようになった。千葉・静岡県などではすでに繁殖しているが、国内のどこでも越冬・繁殖できるという。つまり、**まさかと思う場所で出あう可能性もあるわけだ。**

雑食性で、カエルや魚、小型のカメなどを食べる。生態系への影響も心配だが、まずは安全が第一。**見つけても、絶対につかまえようとしないで！**

臆病だからこっちから刺激しなければ大丈夫

あごががんじょうなので見つけても近づかないで！

近づくと噛みついちゃうぞ！

メモ ワニガメにも注意を！

とがった山のような甲らからしてただものではないと思わせるのが、カミツキガメと同じように外来種のワニガメだ。

見た感じは、映画に出てくる「大怪獣ガメラ」にそっくり。ミミズのような舌を持ち、それをひらひらさせて魚をとる。その習性はおもしろいが、かむ力はライオン以上とか。カミツキガメとともに、相手にしてはいけないキケンなカメだ。

ところが原産国のアメリカでは、絶滅が心配されるほど減っている。そのため、国際的に保護されるカメでもある。

121

マツモムシ

分類：昆虫類カメムシ目
分布：北海道〜九州

体長｜10〜15mm

実際の大きさ

キケン度データ

危険度｜☆☆☆
出あいやすさ｜☆☆☆
場所｜池・沼・田んぼなど
被害の多い時期｜春〜秋
おもな被害｜痛み・はれ

ブスッとくるぞ！針のくち

ここがキケン！
おなかを上にして、発達した後ろあしをオールのように動かして泳ぐ。そんなマツモムシを見つけると、手を伸ばしてつかまえたくなるかもしれない。

気をつけないとキケンなのは、そのときだ。カメムシのなかまだから、針のようなくちを持つ。そのくちで魚や昆虫、オタマジャクシをおそって体液を吸う。だから手でつかもうとすると、チクリと刺されることがある。

痛さは、ハチに刺された感じにたとえられる。しばらくすれば、痛みはたいていおさまる。

豆ちしき アイヌの人たちはむかし、「アマッポ」というわなをけもの道にしかけた。えものが通ると、自動的に毒矢が飛ぶ。その矢じりにはトリカブトとともにいろんなものをまぜたが、そのひとつがマツモムシだ。でも毒はないので、おまじないだったのではないかとみられているよ。

コオイムシ

分類：昆虫類カメムシ目
分布：北海道〜九州

体長｜17〜20mm

実際の大きさ

キケン度データ

危険度｜☆☆☆
出あいやすさ｜☆☆☆
場所｜水田・ため池など
被害の多い時期｜春〜秋
おもな被害｜痛み・はれ

変わり者だけどナメるなよ！

ここがキケン！
水生昆虫のコオイムシは、ちょっと変わり者だ。卵を産むのはメスだが、水草ではなく、オスのせなかに産む。だから、「子負い虫」と呼ばれるようになった。空を飛ぶためのはねがあっても、卵を背負っているオスは飛ばない。

タガメに似ることから想像できるように、水生カメムシのなかまでもある。その鋭い針のようなくちで、モノアラガイや小魚をおそって体液を吸う。

まれに、ヒトも刺す。個人差があるようだが、マツモムシと同じくらい痛いとか。卵を背負うオスがいたら、念のため注意しようね。

注意 コオイムシも減っているが、同じ水生カメムシのコバンムシ、ナベブタムシはさらに見る機会が少ない。それで見つけると、虫好きの人はうれしくなって油断するせいか、刺される確率はコオイムシよりもずっと高い。でも痛みを超えて、うれし泣きする人がいる？

122

ドクゼリ

毒がこわい / 命の危険

分類：セリ科　生活のすがた：多年草　分布：北海道〜九州

キケン度データ

- 危険度 ★★★
- 出あいやすさ ★☆☆
- 場所 湿地・小川・水田
- 被害の多い時期 春
- おもな被害 嘔吐・下痢・腹痛・けいれん・呼吸困難など

高さ｜60〜100cm

➕ 誤食したら→ p148を見よう

デカい態度しっかり見抜け！

ここがキケン！ 春にはとくに気をつけよう

ドクゼリというように、**セリとまちがえやすい植物だ**。若葉のころは「春の七草」のセリを摘む時期に当たるし、近くにならんで生えていることもある。だからつい、いっしょに摘んでしまう。**めまい、けいれん、呼吸が苦しくなるといった症状が出て、最悪の場合は死ぬ**。そうならないためにも、見分けるポイントをよく覚えよう。

セリを知っていたらまず、香りをかごう。それにセリは、ドクゼリのように1メートルにまで育つことはない。だけど、若いうちは判断に迷う。

決定的なのは根のちがいだ。ドクゼリの根はふっくらしていて、内部は空洞。縦に切ると、タケノコに似る。ワサビの根にも似るが、そのためにはワサビの根を知っておかないといけないね。

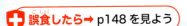

いいね！ セリとは香りがちがうのでかいでみるのがいちばん！

ドクゼリ　セリ

豆ちしき　毒があっても、平気な虫はいる。ドクゼリはニンジンやパセリと同じセリ科で、赤と黒の縦じま模様のアカスジカメムシやキアゲハの幼虫のえさになる。虫ぎらいの人が見たら、さっと手をひっこめそうだ。それはそれで、キケンを避ける対策になるかもしれないけどね。

キツネノボタン

毒がこわい

分類：キンポウゲ科　生活のすがた：多年草
分布：日本全国

高さ｜30〜50cm

キケン度データ

危険度	★★☆
出あいやすさ	★☆☆
場所	田んぼのあぜなど
被害の多い時期	春〜夏
おもな被害	皮ふ炎／食中毒

「金平糖」にだまされるな！

実

ここがキケン！ キツネノボタンの実は、砂糖菓子の金平糖にそっくりだ。草全体が有毒で、汁が体につくと皮ふがただれたり、水ぶくれ状になったりする。

食べたらもちろん、ひどいことになる。腹痛や下痢、まひが起きたり、胃腸がただれたりする。同類のケキツネノボタンもやはり有毒だ。

お年寄りの中には、関節の痛みをおさえようとして、葉をわざわざ体にはりつけることがある。それはとてもキケンだから、やめさせよう。

✚ 誤食したら➡ p148 を見よう

豆ちしき キツネノボタンの「キツネ」は、ボタンという植物の葉に似ているけれどもちがうことから名づけられた。ほかにもキツネノマゴ、キツネノカミソリなどがよく知られる。花や葉の形からの連想らしいが、興味を持たせる名前なのはたしか。キツネがどう思うのか、聞いてみたいね。

タガラシ

毒がこわい

分類：キンポウゲ科　生活のすがた：多年草
分布：日本全国

高さ｜30〜60cm

キケン度データ

危険度	★☆☆
出あいやすさ	★★☆
場所	川・田んぼなど
被害の多い時期	春〜夏
おもな被害	皮ふ炎／食中毒

セリを覚えてから近づこう

ここがキケン！ 「ウマゼリ」「ウシゼリ」と呼ぶ地域があるように、タガラシは食用にするセリに似た毒草として知られる。同じキンポウゲ科で毒草のキツネノボタンにも似ているので、それらしい草には毒があると思っているほうがいいね。

有毒成分は草全体にある。食べると下痢や吐き気をもよおし、胃腸が炎症を起こす。茎や葉の汁が体につけば、皮ふがただれる。困ったことに、セリのすぐ近くに生えていることも多いので気をつけよう。

✚ 誤食したら➡ p148 を見よう

豆ちしき タガラシという名前からは、「田枯らし」「田辛子」ということばを思いつく。田んぼを枯らすくらい多いとか肥料を吸いとって稲の生育をじゃまするという説の一方で、かじると辛いためとする説がある。毒草を口にする辛子説だと、ちょっとキケンにも思えるけどね。

124

クローズアップ！
水辺の外来植物

動物も植物も同じだが、日本になかったものを手にしたら、最後まで面倒をみなければならない。それができなかったばかりに野生化した植物は、水辺だけでもずいぶん見つかっている。環境への影響が大きいことを、よーく覚えておこう。

ほーら、ふさふさよ！

得意なのは分身の術？
オオフサモ 〈特定外来生物〉

観賞用に持ち込まれたが、繁殖力が予想以上に強すぎた。池や川、水路でどんどんふえ、もとからあった植物が育たない。水路では、水の流れがせき止められる。

雌雄の株が別々で、日本にはメスの株しかない。だからタネでふえることはないが、ばらばらになった茎や葉から根が出て再生する。

除草剤がきかないため、手で抜くしかない。ところがどうしても途中で切れるので、完全に取り除くのが難しい。田んぼに入ると稲が育たず、農家はほとほと困っている。

分類：アリノトウグサ科　**生活のすがた**：多年草
原産地：ブラジル　**日本国内での分布**：ほぼ全国
場所：池沼・ため池・水路など　**茎の長さ**：1m以上

水中の酸素をひとりじめ
ボタンウキクサ 〈特定外来生物〉

英語では、「ウオーター・レタス」。水面にレタスが浮かんだようでおもしろいと、人気が出た。そのうち捨てられたり、不注意で水辺に流れたりしたものが出てきて、野生化した。水鳥が運ぶ例もあるという。

葉は厚く、水をはじく。関東より西のあたたかい地域でふえ、直径30センチメートルを超すものもある。水中の酸素をうばい、水質を悪くする困りものだ。

分類：サトイモ科　**生活のすがた**：多年草　**原産地**：アフリカ
日本国内での分布：関東地方〜沖縄
場所：池沼・河川・水田
直径：5〜30cm

浮いて流れて遠くまで
ナガエツルノゲイトウ 〈特定外来生物〉

つる性で、横にどんどん広がっていく。その下になった植物には光が届かず、水の流れだって悪くなる。しかも自分の分身のような茎や根の切れ端が流れに乗って移動し、新しい場所で繁殖するから始末が悪い。

水中でも陸地、湿地でも根を下ろし、どろにもぐりこんだ根は引っ張っても抜けない。「地球上で最悪の侵略的植物」と呼ばれ、農業や環境のじゃまをしている。

分類：ヒユ科　**生活のすがた**：つる性多年草
原産地：南アメリカ
日本国内での分布：関東地方〜沖縄
場所：水路・河川・湿地など
つるの長さ：1m程度

125

【速報】　キケン！新聞　2025年1月12日

マツモムシの言いぶん
一日一種

ボクはマツモムシ

水面に落ちた虫とかの体液を吸って暮らしているよ

それができるのはこの針のようなくちのおかげ

ストローみたいになって消化液も出せるんだ

この虫何ていうんだろ〜

ひょいっ

いったぁー！！

急につかむから反射的にくちで刺しちゃった…ヒトを刺すためのものじゃないけど…

取材を終えて

ゲンゴロウは知っていても、その一生を理解している人は少ない。さなぎになるには土が必要だと聞けばなるほどと思うが、日ごろから接しているからこそ、すぐにそう言えるのだろう。水辺にもキケン生物は多いが、それ以上に環境もキケンな状態にあるようだ。総合的に知って考えることが大切だと思わされる取材だった。

インタビューしたのは……

三田村敏正（みたむら・としまさ）さん

水生昆虫研究家。水生昆虫の研究をする一方で、蚕・ヤママユなど農業関係の昆虫利用にも力を尽くす。『繭ハンドブック』などの著書があり、子どもたちを対象にした観察会、ウシガエルの駆除活動などにも取り組んでいる。

もう一つのザリガニ問題

数多い外来種の中で、子どもにもよく知られているひとつがアメリカザリガニだろう。水生昆虫や魚をおそって食べたり、田んぼのあぜに穴を開けたりする。

それなのに日本には、ウチダザリガニという北米原産の巨大な外来ザリガニまでいる。しかもアメリカザリガニの1.5倍ほどあるビッグサイズ。大きいものは20センチメートルほどに育つ。はさみの付け根が白いのが特徴だ。

北海道と福島・長野県など数県で繁殖していて、三田村さんが住む福島県のいくつかの湖でもふえ続けている。かごや網を使って捕獲・駆除しているが、なかなか減らない。場所によってはアメリカザリガニのように田んぼのあぜに穴を開けるから、油断できない相手だ。

↑捕獲された巨大なウチダザリガニ

特定外来生物

雑食性のアメリカザリガニは、在来種の水草も食べる。同じ水草でも、外来種のナガエツルノゲイトウはないほうがいい。福島県は県内の田んぼで初めて確認したことから、日本初となる「特殊報」を出して警戒を呼びかけている。

ヒトが変えた自然は、水辺に限らない。**キケン生物に気をつけながら、環境についてももっと考えることも必要になっている。**

外来種に泣かされる

外来種も大きな問題だ。ふえすぎたウシガエル、アメリカザリガニの駆除には大変な労力を要する。

「8年前からウシガエルの駆除を続ける沼があるのですが、なかなかゼロにはできません。**一度入り込むと、元の状態にするのは簡単ではないのです**」

響が出ている。トウキョウダルマガエルのオタマジャクシは水が減って身動きできなくなり、そのうち死んで干からびる。沼やため池の護岸工事で土の部分がなくなると、ゲンゴロウ類はさなぎになれない。

身近な生きものを守れ！

キケン！新聞
ヒトが変える自然のかたち

↑沼にいる水生昆虫の生息調査をする三田村敏正さん（福島県相馬市で）

2025年1月12日
キケン！新聞社
東京本社

今日の格言

情けは人のためならず

……他人に親切にすると、めぐりめぐって自分に返ってくるという意味のことわざ。自然環境を大事にすることは、動物や植物のためだけではない。わたしたち人間がすこやかに生きていくためにも欠かせないことだ。

水辺には、陸とは異なるキケン生物が多い。環境の変化によって、生態系への影響も広がっている。水生昆虫研究家の三田村敏正さんに聞いた。（谷本雄治）

「チクッとして約30分後、鼻水が出たと思ったら、そのうち全身がぴりぴりして赤くなり、つらい思いをしました」

三田村さんは、夏の海でアンドンクラゲに刺されたときのようすをこう話す。砂浜に打ち上げられたクラゲにも注意をうながすのは、そんな体験をしているからだ。

「うっかり」に要注意

水生昆虫の調査では川や池、沼によく入る。採集に夢中になり、3匹のチスイビルに血を吸われているのに気づけなかったことがあ

↑マツモムシ。夏場の水遊びでは気をつけたい。

↑ゲンゴロウ。絶滅が心配されている。

る。外国ではコバンムシに刺されて、とても痛い思いをしたという。

「マツモムシは、すぐに刺します。コオイムシはそうでもないのですが、やはり気をつけたい虫ですね」

なかでも注意したい水生昆虫は、マツモムシだそうだ。

魚類ではギギやギバチ、アカザなどのとげに注意を呼びかける。

環境の急速な変化だ

一方で**心配なのが、自然環境の急速な変化**だ。

「乾田化が進み、三面ともコンクリート張りの用水路がふえました。乾田化では、アキアカネやノシメトンボといった赤トンボ類の越冬卵への影響が心配です。メダカなどの魚は、田んぼと用水路の行き来ができなくなりました」

農家の人たちは田んぼで、「中干し」作業をするところがその時期が早くなり、アキアカネの羽化に影

便利さの裏の悲劇

陸と異なり、水辺ならではのキケンも多い。

浅いと思って入ったら、予想以上に深かったということがよくある。ため池はすり鉢状なので、うっかりするとすべり落ちる。

127

毒がこわい

命の危険

カツオノエボシ

分類：刺胞動物　分布：本州〜沖縄の太平洋沿岸

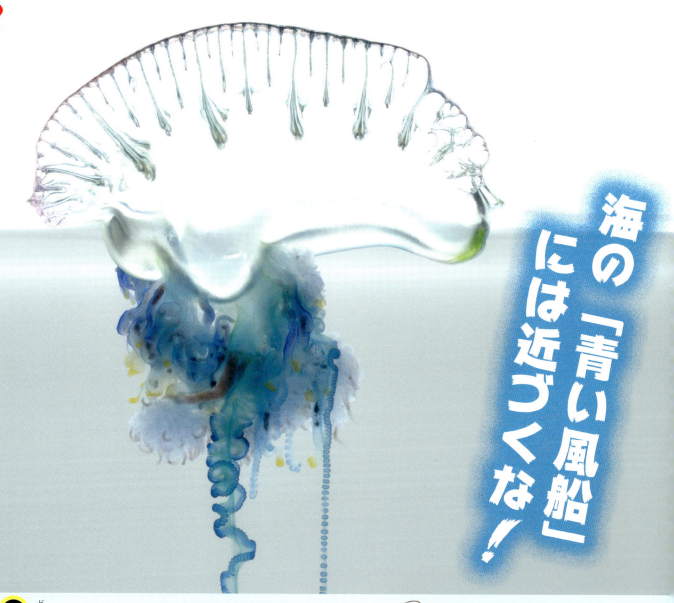

海の「青い風船」には近づくな！

キケン度データ

危険度	★★★
出あいやすさ	★★☆
場所	海水浴場など。浜に打ち上げられることも
被害の多い時期	春〜秋
おもな被害	痛み・はれ・呼吸困難

気胞体の直径｜約10cm

ガマンして見るだけに

海岸に打ち上げられたカツオノエボシは、何度か見た。ヘンなものが好きだから見つけると拾いたくなるが、とるのは写真だけにした。死んでいてもキケンだと知っていたからである。
　貝殻と同じように拾いたくても、こいつだけはガマン、ガマン。

豆ちしき　毒が強くて無敵をほこるようなカツオノエボシだが、ウミガメやマンボウにはかなわず、食べられてしまう。おどろくことに、体長3センチメートルほどのアオミノウミウシも天敵になる。「ブルードラゴン」「青い天使」などのあだ名を持つウミウシの一種で、人間を刺すこともある。

クラゲではない「電気クラゲ」

カツオノエボシは「電気クラゲ」とも呼ばれるが、クラゲとは別物だ。青いビニール袋のような「気胞体」の下には、10メートルもの長い触手がある。その触手にふれると毒針（刺胞）が発射され、電気のようなビリビリ感があって頭痛や吐き気をもよおし、運が悪いと死ぬ。

触手が長いので、気胞体のまわり30メートルはキケン区域。台風の翌日などに多く、海岸に打ち上げられた死がいに刺されることもある。

刺されたら、水ではなく、海水で洗い流す。真水だと、刺胞が発射されるかもしれない。強い痛みや息苦しさを感じたら、一刻も早く病院へ！

刺されたら → p149を見よう

カツオつながりの悪魔

名前も姿もカツオノエボシに似ている有毒生物が、カツオノカンムリだ。木の年輪みたいな青い板の上にすきとおった三角形の〝帆〟があり、風を受けて移動する。その結果、大量に浜に打ち上げられることもあってニュースになる。

刺胞を発する触手は短く、体の下にある。毒はカツオノエボシより弱いといわれるが、油断してはいけない。痛いし、はれる。見つけても近寄らない、手でふれないようにしよう。刺されたあとの処置は、カツオノエボシと変わらない。

浜に打ち上げられたカツオノカンムリ

毒がこわい

アンドンクラゲ

分類：刺胞動物　分布：本州から南

小さいけれど悪魔の手を持つ

キケン度データ

危険度	★★☆
出あいやすさ	★★☆
場所	湾・入り江・海水浴場など
被害の多い時期	夏
おもな被害	やけどのような炎症、痛み

傘の直径｜約3cm

ここがキケン！ お盆過ぎたら海に入るな！

　8月のお盆を過ぎると集団であらわれるのがアンドンクラゲだ。3センチメートルほどの傘にあたる部分がむかしの照明具である箱型のあんどんに似ている。そしてその先に、20センチメートルにもなる長い4本の触手が付く。

　「電気クラゲ」のあだ名で呼ばれることも多い。**刺されるとはげしい痛みを感じ、みみずばれになることがある。**

　刺されたら**すぐに水からあがり、海水をかけて、タオルで触手をそっと取り除こう。**アンドンクラゲなどごく一部のクラゲに限り、酢で洗うといいともいわれる。命にかかわるほどの猛毒ではないようだが、少しでも不安に感じたら、安心のため、お医者さんにみてもらおう。

メモ クラゲは人類の宝物?

　クラゲは、海で出あうキケン生物の上位にランクされる。それだけこわい存在だが、なんとかして利用しようと考えるのが、陸上でもっともこわい（？）人間だ。

　料理に使ったり、いやし効果のある生きものとして飼ったりする。たい肥や畑の水分を保つ農業利用、化粧品やサプリメント、おむつといった生活用品として生かす研究や利用も進んでいる。クラゲが宝物になる時代は、すぐ近くまで来ている。

ミズクラゲ

 豆ちしき　クラゲには、「水月」「海月」といった漢字をあてる。海面にうつる月のようだったり、水の中に月があるように見えたりするからだろう。英語で「ゼリーフィッシュ」と魚にたとえるのに比べると、なんともロマンチックな表現だ。キケンでなければ、いい感じの漢字だよね？

アンボイナ

毒がこわい

分類：軟体動物　分布：中部地方より南

キケン度データ

- 危険度　★★★
- 出あいやすさ　★☆☆
- 場所　サンゴ礁の浅瀬など
- 被害の多い時期　春〜秋
- おもな被害　痛み・めまい・呼吸困難など

殻の長さ｜10〜13cm

刺されたら→p149を見よう

猛毒モリから命を守れ！

命の危険

ここがキケン！ きれいに見えても殺人貝

海辺で貝殻拾いをしているとどれも死んだ貝に見えるが、なかには生きている貝もある。それがアンボイナだったら、最大限の注意が必要だ。

「歯舌歯」という、一度刺さったら抜けない返しのあるモリみたいな武器を隠し持つ。そしてそれで、ブスッと刺す。そのときはたいした痛みでなくても、そのうちおそろしいことが始まる。**刺されて数分後には、めまいを感じたり、体がいうことをきかなくなったりする。そのうち呼吸が苦しくなり、ひどい場合には命を失う。**

猛毒のモリを抜き、声が出るうちに助けを呼んで、大急ぎで病院に運んでもらおう。食用にするマガキガイにそっくりだし、潮干狩りで見ることもある。いますぐ、しっかり覚えておこう！

メモ 毒があっても集めたい？

アンボイナをふくむイモガイ類は、コレクションとしての人気が高い。形がサトイモに似る巻き貝で、その独特の形だけでなく、表面の模様が複雑で美しいことからファンが多いようだ。日本だけで軽く100種を超すイモガイがいる。

古代人もその魅力にとりつかれたようで、アクセサリーにしていたそうだよ。時代が変わっても、自然の中に美しさを求める気持ちは同じかも。

イモガイのなかま・クロミナシ

豆ちしき　猛毒貝のアンボイナには、こわいあだ名がついている。毒ヘビのハブがすむ沖縄では「ハブガイ」、助けを呼びたくても浜の半ばで死んでしまうから「ハマナカー」。英名の「タバコ貝」は、たばこを1本吸い終わらないうちに命が尽きるからだとか。なんとも、おっかない由来だ。

毒がこわい

命の危険

ヒョウモンダコ

分類：軟体動物　分布：千葉県の房総半島〜沖縄

かわいいからと手を出さないで！

（新江ノ島水族館提供）

ここがキケン！ 攻撃準備の青いヒョウ柄

キケン度データ

危険度	★★★
出あいやすさ	★☆☆
場所	磯・サンゴ礁など
被害の多い時期	春〜秋
おもな被害	しびれ・目まい・呼吸困難など

全長｜5〜15cm

✚ かまれたら→p149を見よう

　タコはすみを吐くものだと思いがちだが、ヒョウモンダコはちがう。よほど自信があるのか、鋭いくちばしみたいな「からすとんび」でかみつこうとする。**ヒョウ柄が青くなったら攻撃の準備ができたサイン、バトル宣言と受けとめよう。**

　本来はあたたかい海の生きものなのに、近年は関東地方の海でも見つかる。フグ毒と同じテトロドトキシンの作用で**うまく話せなくなったり、息ができなくなったりする。かまれて短時間で死んだ人もいる。**かわいく見えても無視しよう。

　不幸にしてかみつかれたら、とにかく助けを求めることだ。傷口をきれいな水で洗い、応急手当ての器具で毒液を吸いだすのもいいが、もたつくと命にかかわる。時間との勝負だと心得よう。

絶対に咬まれないようにしよう

興奮

豆ちしき　「海の賢者」のあだ名があるように、タコはかなり賢い。びんのふたも、かんたんに開けられる。頭（じつは胴体）はデカく、あしは8本。むかしの人が考えた火星人にも似ている。というので、タコはもしかしたら地球外生物かも、なんて真剣に考える人たちもいるほどだ。

オニヒトデ

分類：棘皮動物　分布：関東地方〜沖縄

毒がこわい

命の危険

キケン度データ

危険度	★★★
出あいやすさ	★☆☆
場所	サンゴ礁
被害の多い時期	一年じゅう
おもな被害	痛み・はれなど

直径｜30〜60cm

✚ 刺されたら➡ p149を見よう

とげのよろいと戦うな！

ここがキケン！ もぐらなくても気を抜くな！

全身がとげにおおわれた大型のヒトデで、見るからにキケン生物だ。**強い毒を持つとげは折れやすく、刺さると抜けない。痛みは強烈で長く続く。命を奪うこともある。**

とげが刺さったら**まっすぐに引き抜き、傷口を水でよく洗うこと**。40度ぐらいの湯につけたりあたためたりすると痛みがやわらぐが、安心できるように、病院でみてもらうのがいい。

サンゴ礁があるようなあたたかい海にいて、サンゴを食い荒らすことでも問題になっている。**死んでもしばらくは毒が消えない**ので、どこかで見つけても手を出さない、踏まないという注意が必要だ。夜行性で、昼間は浅瀬の岩陰にいることもある。ダイビングをしなくても気をつけようね。

事故の多くは潜水中に起きている。とにかく手を出さないで！

ヒント　乱暴なオニヒトデだが、作物を育てる肥料や害虫・害獣を寄せつけない資材などに利用しようという動きが出てきた。魚の成長を促す成分を含むこともわかってきたため、魚の養殖に役立てようという研究も進んでいる。とげとの戦いは、知恵の戦いでもあるんだね。

クローズアップ！
温暖化で分布を広げるキケン生物

地球の温暖化が進んで気温や海面が上昇し、異常気象がふえた。生きものの世界も同じで、以前はすめなかった地域で繁殖するものがふえている。残念だが、ヒトにも環境にもキケンが迫っているのだ。

➡体が大きく、首をすばやく伸ばすため、捕獲作業には危険がともなう。
（写真は環境省HPより）

高温でメスがふえる
カミツキガメ 〔特定外来生物〕

気温が高まると、日本国内でカミツキガメのすめる地域が広がる。温暖だと活動も活発になり、繁殖できる期間も長くなる可能性がある。

それだけではない。カミツキガメの卵は、温度が性別に関係するといわれているからだ。20度以下または30度以上だとメスになり、その間の温度だとオスになるらしい。だとすれば温暖化が進むとメスが多くなり、卵の数もふえることになる。ますます油断できないぞ。

分類：は虫類カメ目　**原産地**：北アメリカ〜南アメリカ北部　**日本国内での分布**：千葉県・静岡県など　**場所**：流れのゆるやかな水辺　**甲らの長さ**：35〜50cm

深い所で様子うかがう？
ワニガメ

見た目のよく似たワニガメも、温暖化が進むとカミツキガメと同じような関係が予想される。卵への影響やすみかの拡大などだ。しかし、生活するための条件はワニガメのほうがきびしいので、カミツキガメほどにはふえないとみられている。

だからといって、安心はできない。カミツキガメよりも深い所でくらすため、水温上昇が深い所にまで影響しなければ、あんがい平気かもしれないのだ。

分類：は虫類カメ目　**原産地**：北アメリカ
日本国内での分布：定着は未確認（2024年11月現在）
場所：河川・湖沼　**甲らの長さ**：20〜80cm

文句あっか!?

体がデカい肉食い魚

アリゲーターガー

なんともなじみのない名前だが、「アリゲーター」と聞けばワニを想像する。「ガー」は、やりを意味することばだという。大きいものだと体長３メートルにもなるから、おっかない。

水温が上がれば繁殖活動が活発になり、すみかだって広がるだろう。ヒトをおそうことはないようだが、肉食性で魚やエビ・カニといった甲殻類をえさにする。ふえたら、生態系への影響が広がることはさけられない。

分類：魚類ガー目　**原産地**：北～中央アメリカ　**日本国内での分布**：定着は未確認（2024年11月現在）　**場所**：河川　**全長**：1.8～3m

おいしくても困りもの

ノコギリガザミ

「マングローブガニ」のあだ名があるように、マングローブの林がある沖縄などにすむ。おいしいカニとして人気があるが、はさみの破壊力はものすごく、指を落とした人もいる。

それなのに温暖化で北上し、すでに神奈川や東京でも見られるとか。前からいる魚や貝類にとっては困ったことで、漁業への影響も心配されている。

分類：甲殻類十脚目　**分布**：関東地方～沖縄　**場所**：河口・干潟　**甲らの幅**：20～25cm

退治するのがより困難に

ジャンボタニシ

タニシは絶滅が心配されるほど減ったのに、「ジャンボタニシ」は大型であることもあって、よく目につく。でもその名前はあだ名で、正式にはスクミリンゴガイとラプラタリンゴガイという淡水性の巻き貝だ。

温暖化で冬を乗り越えることができれば、もっとふえる。卵を産む回数や数も多くなるだろう。そうなると、いまでも問題になっている田んぼの稲が被害を受ける割合が高まり、稲作のじゃまになる。退治するのが難しいので、より効果的な対策が必要になる。

分類：軟体動物　**原産地**：南アメリカ　**日本国内での分布**：関東地方～沖縄　**場所**：水田・用水　**殻の高さ**：2～7cm

（環境省HPより）

←イネの茎や水路の壁などにピンク色の卵塊を産みつけ、どんどんふえていく。

毒がこわい

ガンガゼ

分類：棘皮動物　分布：千葉県の房総半島〜沖縄

岩陰にひそむ長いとげのウニ

キケン度データ

危険度	★★☆
出あいやすさ	★★☆
場所	磯・サンゴ礁など
被害の多い時期	春〜秋
おもな被害	痛み・はれ

体長｜10〜15cm（とげを除く）

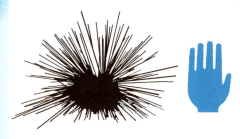

ここがキケン！ とげはしっかり抜こう！

　漢字で書くと、ガンガゼは「岩隠子」。岩陰に隠れる習性がうかがわれる。ウニのなかまだからとげがあるのはしかたがないが、長すぎる！30センチメートルになるものがある。

　しかも折れやすい。**とげには〝返し〟も付いているので、一度刺さると抜けにくく、ひどく痛む。**毒があるため、まひしたり、呼吸が苦しくなったりすることもある。**磯で遊ぶときには素足ではなく、長ぐつのように足首まで守れるようなくつをはくように心がけよう。**

　とげが刺さったらていねいに取り除き、きれいな水で洗うといい。痛みは40度ぐらいのお湯でやわらぐが、とげが残っているとたいへんだ。残ったとげがあれば、病院で処置してもらおう。

日中は岩陰にいる

いいね！

磯で遊ぶときは長ぐつなどで足を守ろう。

> 豆ちしき　知ってしまえばおいしく食べられるウニだが、見た目からはとても食べられそうにない。ところが実際には縄文時代の遺跡や貝塚から、ウニの殻と思われるものが見つかっている。縄文人はいがのあるクリも食べていたから、海のクリだと思って口にしたのかもしれないね。

スベスベマンジュウガニ

毒がこわい

分類：甲殻類エビ目　分布：千葉県より南

キケン度データ

危険度	★★☆
出あいやすさ	★☆☆
場所	潮だまり・サンゴ礁など
被害の多い時期	一年じゅう
おもな被害	嘔吐・呼吸困難など

甲らの幅｜約5cm

おそろしい海の毒まんじゅう

ここがキケン！ 知らんぷりがいちばん

スベスベマンジュウガニという、わかったようなわからないような名前とかわいい外見にだまされて口にしたら、とりかえしのつかないことになる。焼いても煮ても毒は消えない。**煮た汁を、ちょっと味見するだけでも毒がまわる。**

有毒成分は複数で、すむ場所や食べるえさによって毒の種類が変わるという。もしも食べたら、**口や舌がしびれ、うまく話せなくなり、息苦しくなって意識が遠のき……呼吸がとまる。**想像するだけでおそろしい症状が段階的にあらわれる。

毒は、殻の表面やはさみ、あしなどにある。自分で切り落とすこともあり、体から離れたあしにも毒は残っている。そのことを考えると、見つけても手を出さないほうがいいだろう。

メモ！ 油断せずに付き合おう

毒ガニは、ほかにもいる。見ることはまれだが、ウモレオウギガニ、ツブヒラアシオウギガニがそうだ。また、食用のカニから毒が見つかった例もある。毒を持つ二枚貝を食べると、毒ガニになるらしい。しかし、厳しい検査をしているので出回る心配はないようだ。

それよりも、ふつうのカニに指をはさまれるけがのほうがずっと多い。小さいからと油断すると、痛い目にあう。気をつけようね。

ウモレオウギガニ

 豆ちしき　場所やえさの種類で有毒成分が異なることから、スベスベマンジュウガニはえさを食べて毒をたくわえるとみられている。地域によってすむ生物が変わるからだ。土地ごとの名物まんじゅうがあるように、スベスベマンジュウガニもいろんな味を楽しんでいるのかも。こわいけど。

- けがに注意
- 毒がこわい

ヤシガニ

分類：甲殻類十脚目　分布：鹿児島県〜沖縄県

握手すると後悔するぞ！

キケン度データ

- 危険度　☆★★
- 出あいやすさ　☆★★
- 場所　浜・岩場・洞窟など
- 被害の多い時期　春〜秋
- おもな被害　はさみによる傷、刺し傷

体長｜30〜40cm

ここがキケン！ はさみパワーは想像以上

　ヤシガニは、貝殻を背負わないヤドカリのなかまだ。木登りや穴掘りが得意で、岩の割れ目や海岸の木などにひそむ。沖縄県などの南西諸島では夜になると海岸に出て、パイナップルみたいなアダンの実や魚、鳥などの死がいを食べている。

　あしを広げると1メートル近い大物もいて、体重は4キログラムにもなる。いかにも**がんじょうそうなはさみが武器で、ライオンがかむ力と同じくらいのパワーがあるそうだ。**

　もしもはさまれたら、傷口をきれいな水で洗ってから、ばんそうこうをはっておこう。ひどいようなら、きちんとした治療を受けよう。

　でもその前に、手を出さないことだ。まちがっても、握手をする相手ではない。

大きくてコワイけど…ちょっとカッコイイ

⚠ 目をひかれるが手は出さないで！

注意　沖縄県では伝統的に、ヤシガニを食べてきた。しかし毒のある物を食べたヤシガニは、内臓に毒をためている可能性がある。「ゆでて赤くなれば安全、青いと毒がある」といううわさがあるが、誤りだ。信頼できる店であつかうものでなければ、食べようなんて思ってはいけない。

ゴンズイ

毒がこわい

分類：魚類ナマズ目　分布：関東地方〜沖縄

キケン度データ

危険度	★☆☆
出あいやすさ	★★☆
場所	岩場・港など
被害の多い時期	一年じゅう
おもな被害	痛み・はれ

全長｜10〜30cm

毒のとげでズキズキ、ズキッ！

ここがキケン！　近づかないのが正解

ゴンズイは潮だまりや海水浴場、魚つりをしているときに見かける。ナマズのなかまでひげが8本あるおとぼけ顔だが、だまされてはいけない。**胸びれと背びれには、するどい毒のとげがある。**

つり針から外すときには、とくに気をつけよう。死んだゴンズイを踏んづけるのもよくない。とげの威力をあなどると、泣くことになる。

やけどのようなズキズキした痛みがあり、赤くはれる。**水できれいに洗い、あたたかいお湯につけて痛みをおさえよう。** そのあとは病院だ。

幼魚は群れになる習性があり、「ゴンズイ玉」と呼ばれる。毒針のかたまりみたいなものだし、体の表面にも有毒成分のあることが新たにわかった。とにかく、相手にしないことだね。

背びれと胸びれの付け根に毒棘がある。

近づくとたいていは逃げていくが、注意をおこたらないように！

豆ちしき　毒を持つせいで悪者にみられがちのゴンズイだが、じつは愛情深い魚としても有名だ。夏になるとメスは海底で、数百個の卵を産む。するとその卵をオスが守るのだ。しかも、卵からかえった稚魚もオスが保護する。無敵そうなのに、意外にも過保護に育てられた魚だったんだね。

毒がこわい

アカエイ

分類：魚類エイ目　分布：日本全国

しっぽのとげに刺されるな！

キケン度データ

危険度	★★☆
出あいやすさ	★★☆
場所	浅瀬など
被害の多い時期	春〜秋
おもな被害	痛み・はれ・呼吸障害など

全長｜1〜2m

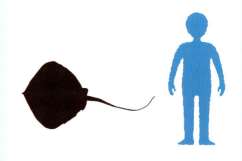

ここがキケン！ 死んだあとも油断は禁物

アカエイはおなかの中で卵をかえしてから、出産する。そのお産の場所としてよく選ぶのが、水温が高く、えさがとりやすい浅瀬だ。それで、**潮干狩りや海水浴のときに出あうことも多い。**

悲劇は、そのときに起きる。**のこぎりの歯のような〝返し〟まで付いた毒のとげがしっぽにある**からだ。知らずに踏んづけると、アカエイは反射的にそのとげをブスッ！　死んでも、とげには毒が残る。ペンチが要るくらいがんじょうで抜けにくく、無理に抜こうとすると傷口が広がる。

はげしく痛んで、紫色にはれる。40度ほどのあたたかい湯につけると痛みはいくらかおさまるが、救急車を呼びたい緊急事態だ。海外では水族館員の死亡例もあるから、十分に警戒しよう。

浅瀬で気づかずに出あうこともあるので注意！

注意　アカエイが近年、ふえている。卵胎生でもともと成長が早く、生まれてから死ぬものが少ない。しかも地球温暖化の影響で海水温が上がり、すみかを広げる海の開発も進んでいる。天敵のサメが減ったこともアカエイを喜ばせる。今後、ますます注意しないといけない時代になるね。

ヒラムシ

キケン度データ
- 危険度 ★☆☆
- 出あいやすさ ★★☆
- 場所 浅瀬など
- 被害の多い時期 春〜秋
- おもな被害 皮ふ炎・アレルギー反応

体長｜1〜5cm
実際の大きさ

分類：扁形動物
分布：日本全国

フグに毒をあたえるぺらぺら虫

ここがキケン！
ヒラムシは海岸で、岩の表面にはりつくようにして生活している。大きなかさぶたをやわらかくしたような薄っぺらな生きものだから、気づかないことが多い。厚みは約1ミリメートルしかなく、小さなエビやカニを食べている。地味なこともあって、ほとんど知られていない。

ところが**ヒラムシは、とんでもない毒を持っている**。フグ毒のテトロドトキシンは有名だが、その毒はフグが体内でつくるのではなく、ヒラムシのなかまを食べてたくわえるのだ。ヒラムシを食べようとは思わないだろうが、知っておいて損はない。

豆ちしき ヒラムシの特徴のひとつは、自分の体を再生できることだ。そのため、「海のプラナリア」にたとえられる。なんともうらやましい能力だ。ところがカキを食べる〝害虫〟のヒラムシを真水につけると、数分で死んでしまうとか。ヒラムシはやっぱり、海の生きものなんだね。

海ぞうめん

キケン度データ
- 危険度 ★★☆
- 出あいやすさ ★★☆
- 場所 磯・浅瀬など
- 被害の多い時期 春〜夏
- おもな被害 腹痛・下痢・嘔吐

大きさ｜10cm程度

分類：軟体動物（アメフラシ）
分布：日本全国（アメフラシ）

海の妖怪の毒入りそうめん

アメフラシ

ここがキケン！
「海ぞうめん」はまぎらわしい。「海の妖怪」ことアメフラシの卵のあだ名であり、ウミゾウメンという海藻も存在するからだ。

毒が心配なのは、アメフラシの卵のほうだ。黄色やオレンジ色で、そうめんやラーメンに見える。**食べるとおなかをこわしたり、息苦しくなったりするようだ。**

でもアメフラシや卵そのものに毒があるのではなく、えさにする海藻に毒がある。卵を食べる地域もあり、そこの卵は無毒だといわれる。だけど基本的には、「卵は食べるな！」といわれているよ。

豆ちしき アメフラシは軟体動物の一種だが、そのなかまといえるテングニシという巻き貝の卵の殻は「海ほおずき」と呼ばれ、むかしの子どもたちが笛にして遊んだ。「砂茶わん」はツメタガイという巻き貝が産む卵のかたまりで、お茶わんをふせたような形をしている。海の卵は不思議だな。

141

クローズアップ！
船でやってきた外来種

外国から入る動植物の多くは、船が運ぶ。飛行機や人間の衣類・くつが持ち込む例もあるが、船ほどではない。船が大型化し、より遠くから入るようになった。船や港での警戒は、ますます重要になるだろうね。

カッコいいだろ？

上は西アフリカ原産のサソリ、右は北アフリカから南アジアにかけて生息するサソリだ。
（写真は環境省HPより）

有名すぎるおしり毒
サソリ 〔特定外来生物〕

サソリの尾の毒針は最強で、何でもイチコロといったイメージがある。死亡例もあるとか、国内にまた入ったというニュースが伝わると、さらにおそろしくなる。

沖縄などにも小さなサソリがいるが、めったに見ない。しかし近年は外国からの侵入例がふえ、未知のものが加わる可能性も高い。見たことがないものはこわくて当たり前。飼っていたものが逃げた例もある。いまのうちに、基本的な生態を調べておくといいかもね。

分類：クモ類　**原産地**：アフリカ・南アジアなど　**日本国内での分布**：八重山諸島と小笠原諸島に生息するマダラサソリは特定外来生物に指定されている。　**場所**：港湾など　**体長**：20〜120mm

港から遠くても要注意
ヒアリ 〔特定外来生物〕

ヒアリはもともと、南米にすむアリだ。ところが20世紀になると北米に進出し、その後もオーストラリア、ニュージーランド、中国などに渡った。日本には2017年6月以降、兵庫、愛知、大阪、東京で次々と見つかった。船で港に来て、トラックで内陸部に移動した例もある。

農作物や家畜、人間などが被害にあう。そのため専門家が中心になって、港で食い止めようと懸命だ。幸いにも、日本にはまだ定着していないそうだよ。

分類：昆虫類ハチ目　**原産地**：南アメリカ　**日本国内での分布**：定着は未確認（2024年11月現在）　**場所**：港湾　**体長**：2〜6mm

（環境省HPより）

ふえかたがスゴすぎる！

（環境省HPより）

アルゼンチンアリ 〔特定外来生物〕

　1993年ごろ、輸入した木材の中にあった巣から侵入したものが日本に入った最初のグループだとみられる。広島、山口など数県に定着し、その後も繁殖地を広げている。家に入り込むこともあるので、気をつけよう。
　多くのアリと異なり、巣に何匹もの女王アリがいる。そのため、爆発的なふえかたをするのが特徴だ。巣と巣をつなぐ習性もあり、外国では直径100キロメートルを超す巨大なものも見つかっているんだって。

分類：昆虫類ハチ目　原産地：南アメリカ　日本国内での分布：関東南部〜中国・四国　場所：畑・住宅など　体長：2.5mm

ただ乗りして遠くまで

アレチウリ 〔特定外来生物〕

　静岡県の清水港で、1952年に初めて確認された。輸入した大豆に、タネがまじっていたのだ。
　港に着いた輸入大豆は、それを利用する豆腐屋さんなどに運ばれる。アレチウリは、その輸送ルートにちゃっかり便乗してふえたのだろう。ほとんどの大豆は輸入されているから、それも影響しているのだろうね。

分類：ウリ科　生活のすがた：つる性一年草　原産地：北アメリカ
日本国内での分布：北海道〜九州　場所：道ばた・川原など
つるの長さ：5〜10m

（環境省HPより）

敵の敵が味方になる？

オオブタクサ

　いまでは各地で見られるオオブタクサも、輸入大豆にまじって入ったのが最初らしい。数十年というタネの寿命も関係するのか、猛烈な勢いでふえた。
　ところが1990年代のおわりごろ、北米からブタクサハムシという外来種がやってきて、オオブタクサの葉を食べ始めた。向こうでは食べないのに、日本に入ったブタクサハムシは、オオブタクサを好む。外来昆虫がわざわざ外来植物を選んでえさにするなんて、ちょっとした〝事件〟だと思わない？

分類：キク科　生活のすがた：一年草　原産地：北アメリカ
日本国内での分布：全国　場所：畑・河川敷など　高さ：1〜3m

→ブタクサハムシ。外来昆虫で、外来植物のオオブタクサの葉を好んで食べる。

143

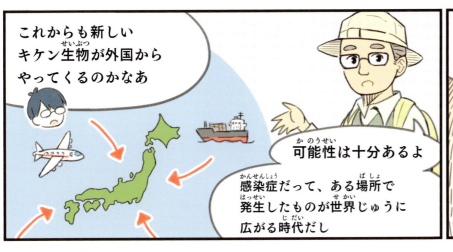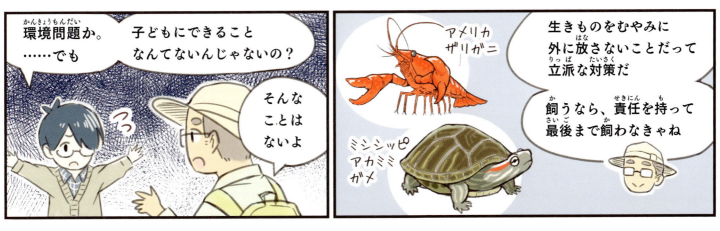

もしものときのために

注意していても、どうしても事故が避けられない場合があるかもしれない。そんな「もしも」のときの応急処置などを紹介したい。大事なのは、自分だけで何とかしようとしないこと。**近くにいるおとなに必ず助けを求めよう**（編集部）。

ハチ類

➡ **アナフィラキシー・ショックが疑われる場合**

全身がふるえる、顔が青白くなる、息苦しくなるなどの症状が見られる場合、命の危険がある。救急車を呼ぶなどして、病院へ急ぐ。

医師の治療を受けるまでの間、エピペン®という薬剤を注射できれば、こうしたアナフィラキシー症状を一時的にやわらげる効果が見こめる。ただし、事故の際にエピペンが手元にあるとは限らない。一刻も早く病院に向かうことを考えよう。

➡ **ショック症状があらわれない場合**

❶ ハチから離れ、安全な場所に移動する。ハチを刺激しないよう静かに後ずさりして、まわりにハチがいないことを確かめよう。

❷ 毒をしぼり出す。ハチの毒は水に溶けやすいので、患部をしぼりながらよく水で洗う。専用のポイズンリムーバーがあれば、それを使う。

【ポイント】口で毒を吸い出すのはダメ。口の中に傷や虫歯があった場合、そこから毒が回ってしまう。

❸ 抗ヒスタミン剤やステロイドを含んだ塗り薬を塗る。

❹ 濡れタオルなどで患部を冷やす。痛みが軽くなる効果がある。

❺ 病院を受診する。

ポイズンリムーバー。ハチに刺されたり、ヘビにかまれたりした場合に毒を吸い出すための器具。あつかうには慣れが必要なので、持っているなら、いざというときのために練習しておこう。

メモ アナフィラキシー・ショック

アレルギー反応の一種。過去にハチやクラゲなどに刺された経験があると、2度目以降に刺された場合、体が過敏に反応して呼吸困難、意識障害、けいれんなどの症状を引き起こすことがある。

わたしたちのからだを守っている免疫が体内に入ってきた異物に対して過剰に反応してしまい、マイナスの症状を引き起こすことをアレルギーという。このアレルギー反応が短時間に激しくあらわれるのがアナフィラキシーで、命の危険をともなう。

アナフィラキシーが起こるかどうかは人による。何度も刺されても起こらない人もいる。ハチやクラゲに刺された経験があれば、心配なら病院で検査を受け、自分の体質を知っておこう。

エピペン® アナフィラキシー症状を一時的にやわらげる薬剤。入手には医師の処方が必要。

ヘビ類

ヤマカガシ

➡かまれた場合

すぐに病院へ向かう。ヤマカガシの場合、かまれても腫れたりはせず、すぐには症状があらわれないのがふつう。しかし、数時間から2日以内に血尿、血便、歯ぐきや古傷からの出血、皮下出血などの症状が生じることがある。

その場で何らかの症状があらわれなかった場合も、決して油断してはならない。病院を受診するのがいちばんだ。

➡頸腺の毒を浴びた場合

水で洗う。目に入ってしまったら、できるだけ早く眼科を受診する。

ヤマカガシは首の後ろの頸腺と呼ばれるところからも毒を出す。

マムシ

❶救急車を呼ぶなどして助けを求める。顔や首を咬まれた場合、腫れて窒息するおそれがあるので、一刻をあらそう。

【ポイント】かまれたら、すぐにマムシから離れる。マムシはかむといったん離れるが、2度、3度と攻撃してくるおそれがある。

❷手をかまれた場合は腕時計や指輪をはずす。

❸救急車を待つ時間があれば、傷口を指でつねるようにするか、ポイズンリムーバーを使って毒をしぼり出す。また、血液の中の毒の濃度を下げるため、水をたくさん飲む。傷口と心臓の中間あたりを軽く縛る応急処置もあるが、とにかく病院にかけこむのが第一だ。

マムシの毒牙。マムシやハブなどのクサリヘビ科のヘビは、上あごの前のほうに長い毒牙を持っている。かまれた場所は腫れ、だんだん広がっていく。

ハブ

❶救急車を呼ぶなどして助けを求める。走ってでも急げという意見もあるが、状況によって変わる。まずは助けを求めよう。

❷❸はマムシの項と同じ。

メモ 血清

ヘビ毒の治療には血清が使われる。動物の体内に毒素が入ってきた場合、それに対抗するための「抗体」がつくられる。そのしくみを利用して、ウマやヒツジなどの体内でつくられた抗体を取り出し、ヘビにかまれた患者に投与する。

毒の種類によって抗体が異なるため、毒ヘビの種類ごとに血清がつくられ、利用されている。

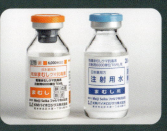

マムシ用の血清。患者の体内に点滴で投与する。（KMバイオロジクス提供）

ほ乳類

クマ

❶近づかないのがいちばんの対策だが、万が一、おそわれてしまったら、イラストのような姿勢をとり、頭部と腹部を守ろう。クマは顔面をねらうことが多いので、とにかく頭と顔をガードしよう。

【ポイント】熊よけスプレーも販売されている。ただ、使う場合には練習が必要だし、クマをできるだけ引き寄せて噴射しなければ効果は薄い。どんな道具を持っていても、絶対に大丈夫だということはないと心得よう。

うつぶせになって腹部を守り、後頭部と首は手で、背中はリュックでガードしよう。

❷クマの攻撃をしのいだら、クマから離れて安全を確保し、助けを求める。
❸応急処置がむずかしくても、できる限り止血などをおこなう。
❹医師の手当てを受ける。あわせて、できるだけ早く、事故の発生を近隣の人々に知らせる。

ほえるツキノワグマ。人をおそうときには顔をねらうことが多い。とにかく近づかないのがいちばんだ。

サル・イノシシ

❶動物から離れ、安全な場所に移動する。
❷傷口を水洗いして消毒し、止血や、骨折の手当てをする。
❸医師の手当てを受ける。たとえ軽傷であっても、感染症のおそれがあるので、病院を受診しよう。

植物・菌類の誤食

❶口に入れたときに苦味、しぶ味など、何かおかしいと感じたら、すぐに吐きだし、口の中をよく洗う。
❷飲み込んでしまった場合は、指を口に突っ込むなどして胃の中のものを吐きだす。胃がからっぽになったら、水かぬるま湯を飲んでは吐くことをくり返す。
❸病院を受診する。

【ポイント】吐きだしたものや、口にした植物を病院に持っていけば、食中毒の原因になったものがわかるので、適切な治療を受けられる。

スイセン。厚生労働省によれば、2023年までの10年間に全国で最も誤食の事故が多かった植物。葉はニラ、球根はタマネギに似る。

海の生物

カツオノエボシ

❶ 海中で刺された場合は、すぐに陸に上がる。息苦しさやけいれんなど、アナフィラキシー・ショック（146ページ）が疑われる症状があれば、救急車を呼ぶ。

❷ 触手がついていたら取り除く。素手では触らないように。ピンセットや細い棒などを使って、大量の海水で洗い流しながら除去しよう。

【ポイント】この段階では真水は使わないように。触手から刺胞が発射されるおそれがある。

❸ 触手が完全に取り除けたら、水道水で洗う。細菌などの感染を防ぐため。

❹ 傷口を冷やす。

❺ たとえ症状が軽くても、カツオノエボシの可能性があれば病院を受診する。

浜に打ち上げられたカツオノエボシ。たとえ死がいでも毒が残っているので、絶対にさわらないこと。

アンボイナ

❶ 救急車を呼ぶなどして、一刻も早く病院へ向かう。

❷ 病院に着くまでの間に、ピンセットなどで歯舌歯を抜き取り、ポイズンリムーバーなどを使って毒を吸い出す。

【ポイント】アンボイナの事故での死亡例は、おおむね6時間以内に起きている。少しでももたつくと命にかかわる。

ヒョウモンダコ

❶ 救急車を呼ぶなどして助けを求める。

❷ 救急車を待つ間、傷口を流水で洗い、ポイズンリムーバーなどで毒を吸い出す。

【ポイント】口で毒を吸い出すのは絶対にダメ！ヒョウモンダコの毒はフグの毒と同じテトロドトキシンであるため、非常に危険。

オニヒトデ

❶ とげが刺さっている場合はまっすぐに引き抜く。

【ポイント】とげはもろく、先が折れて体内に残りやすいので、注意して引き抜くこと。

❷ 傷口を湯につけて痛みをやわらげる。

❸ 病院を受診する。オニヒトデの毒は、しばらくしてから作用する成分も含んでいるため、たとえ症状が軽くても、必ず医師の診察を受けよう。

オニヒトデのとげ。長ぐつやマリンブーツの底を突き抜いてしまうほどするどいが、先端はもろい。抜くときに体内で折れてしまわないよう注意！

さくいん

複数のページがある場合、くわしい説明のあるページを太字にしています。

あ

アイビー	72
アオイラガ	20
アオカミキリモドキ	35
アオダイショウ	77
アオツヅラフジ	107・**108**
アオバアリガタハネカクシ	33
アカエイ	114・**140**
アカカミアリ	29
アカハライモリ	118
アカミミガメ	29
アサガオ	57
アシダカグモ	32
アシナガバチ	14
アジサイ	56
アセビ	60
アナグマ	41
アナフィラキシー・ショック	13・**146**・149
アフリカマイマイ	27
アマガエル	115・**116**
アメフラシ	141
アメリカザリガニ	126・145
アライグマ	11・**38**・41
アリゲーターガー	135
アルゼンチンアリ	143
アレチウリ	**68**・143
アンドンクラゲ	127・**130**
アンボイナ	**131**・149
イチイ	58
イチョウ	11・**46**
イヌガヤ	106
イヌザンショウ	67
イヌマキ	58
イノシシ	**88**・148
イモガイ	131
イモリ	118
イラガ	20
イラクサ	75・**95**
ウシガエル	126
ウシゼリ	➡タガラシ
ウチダザリガニ	126
ウニ	136
ウマゼリ	➡タガラシ
海ぞうめん	141
ウメ	99

ウモレオウギガニ	137
うるし細工	92
エゴノキ	112
SFTS	➡重症熱性血小板減少症候群
エンジェルス・トランペット	49
オオキンケイギク	70
オオスズメバチ	2・**13**・**16**・**17**
オオバギボウシ	50・**105**・108
オオヒキガエル	117
オオフサモ	125
オオブタクサ	**70**・**143**
オオマリコケムシ	37
オシロイバナ	56
オナガ	43
オニグルミ	98
オニヒトデ	**133**・149
オビカレハ	21

か

蚊	10・**24**
カエンタケ	104
カケス	43
カササギ	43
カタツムリ	27
カツオノエボシ	114・**128**・149
カツオノカンムリ	129
カナムグラ	107
カバキコマチグモ	30
蚊柱	37
カミツキガメ	3・115・**120**・**134**・145
カラス	11・**42**
カラスザンショウ	67
感染症	23・25・39・41・87・88・89
広東住血線虫	**26**・**27**
ガンガゼ	115・**136**
キイロスズメバチ	**13**・**17**
キケマン	109
寄生虫	25・26・27
キダチチョウセンアサガオ	49
キツネノボタン	124
キョウチクトウ	11・**51**
キョン	89
キンギョソウ	44
キンギンボク	➡ヒョウタンボク
ギンナン	46
クサエンジュ	➡クララ

クサノオウ	**64**・107
クビアカツヤカミキリ	29
クマ	75・**82**・**85**・144・148
クマケムシ	21
クマ棚	83
熊の胆	83
クマバチ	15
クラゲ	130
クララ	110
クリスマスローズ	52
グリーンイグアナ	90
クロメンガタスズメ	44
クワズイモ	54
ケキツネノボタン	124
血清	147
ケバエ	32
ゲンゴロウ	127
ゲンノショウコ	101
コオイムシ	**122**・127
コガタスズメバチ	13・17
ゴンズイ	139
コンフリー	54

さ

ササラダニ	23
サソリ	142
サソリモドキ	81
サル	75・**86**・148
サルトリイバラ	107
サンショウ	67
3大有毒植物	102
シキミ	109
ジギタリス	54
地獄花	61
歯舌歯	**131**・149
死人花	61
刺胞	129
シャグマアミガサタケ	103
シャチホコガ	45
ジャコウアゲハ	45
ジャンボタニシ	11・**26**・**135**・145
重症熱性血小板減少症候群	23
触手	**129**・130・149
シロヘリクチブトカメムシ	36
スイセン	48
スクミリンゴガイ	**26**・135

スズメバチ	10・**12**・**17**	
スズラン	50	
スベスベマンジュウガニ	137	
セアカゴケグモ	28	
セリ	**123**・124	
センニンソウ	94	
ソテツ	59	

た

タガラシ	124
タケカレハ	19
タケニグサ	74・**96**・107
タケノホソクロバ	19
タヌキ	41
タラノキ	97
タラの芽	97・**107**
チャドクガ	19
チューリップ	53
チョウセンアサガオ	10・**49**
チリカブリダニ	23
ツキノワグマ	82
ツタウルシ	74・**91**・107
ツチハンミョウ	34
ツツジ	55
ツブヒラアシオウギガニ	137
ツマアカスズメバチ	13
ツマグロヒョウモン	21
電気クラゲ	**129**・**130**
トウアズキ	65
トウダイグサ	65
トキワツユクサ	71
特定外来生物	**7**・13・28・29・38・68・70・79・89・117・119・120・125・126・134・135・142・143
ドクウツギ	102
ドクガ	10・**18**
毒針毛	**19**・20・81
ドクゼリ	114・**123**
トチノキ	98
トリカブト	2・49・74・**100**・107

な

ナガエツルノゲイトウ	**125**・**126**
ナガミヒナゲシ	66
ナメクジ	27
ナワシロイチゴ	67

ナンテン	57
ニセアカシア	➡ハリエンジュ
日本紅斑熱	23
ニホンザル	87
ニホンズイセン	48
ニリンソウ	**101**・107
ヌートリア	119
ヌルデ	93
ノイバラ	97
ノコギリガザミ	135
ノハカタカラクサ	➡トキワツユクサ

は

バイケイソウ	105
ハクビシン	40
ハシブトガラス	42
ハシボソガラス	42
ハシリドコロ	108
ハゼノキ	93
ハブ	**79**・147
ハリエンジュ	71
ヒアリ	**28**・**142**
ヒガンバナ	61
ヒキガエル	115・**117**
ヒグマ	82
ヒョウタンボク	107・**110**
ヒョウモンダコ	115・**132**・149
ヒラタアブ	32
ヒラムシ	141
ヒロヘリアオイラガ	20
フキ	69
フクジュソウ	60
フジ	99
ブタクサハムシ	143
プリムラ	55
ポイズンリムーバー	**16**・**146**・147・149
ポインセチア	72
ホウチャクソウ	111
ボウフラ	25
ボタンウキクサ	125
ポトス	72

ま

マダニ	10・**22**・89
マツカレハ	81
マツモムシ	**122**・126・127

ママコノシリヌグイ	69
マムシ	**78**・147
マムシグサ	107・**111**
マメハンミョウ	34
マルハナバチ	15
マルバルコウ	71
マングース	79
マンゴー	93
ミイデラゴミムシ	35
ミツバチ	15
ミヤマイラクサ	107
ムカデ	31
虫こぶ	**93**・112
ムラサキケマン	109
ムラサキホコリ	37
モミジイチゴ	99

や

ヤシガニ	138
ヤマウルシ	74・**92**・107
ヤマカガシ	75・**76**・147
ヤマハゼ	93
ヤマビル	75・**80**・89
ヤマブドウ	69・108
ヤモリ	118
ユスリカ	37
ユズリハ	112
ヨウシュヤマゴボウ	11・**62**
ヨコヅナサシガメ	36
ヨモギ	69・101

ら

ラッパズイセン	48
ラプラタリンゴガイ	135
ルリカケス	43
レンゲツツジ	55

わ

ワニガメ	**121**・**134**
ワラスボ	45
ワルナスビ	68

著者 谷本雄治
たにもと・ゆうじ

プチ生物研究家・児童文学作家。1953年、名古屋市生まれ。身近な動植物や農業をテーマにした作品を多く手がける。おもな著書に『ぼくは農家のファーブルだ』（岩崎書店、第46回青少年読書感想文コンクール課題図書）、『カブトエビの寒い夏』（農山漁村文化協会、第48回青少年読書感想文コンクール課題図書）、『天の蚕が夢をつむぐ』（同、第34回読書感想画中央コンクール指定図書）、『地味にスゴい！ 農業をささえる生きもの図鑑』（小峰書店）などがある。

マンガ・イラスト 一日一種
いちにちいっしゅ

イラストレーター、技術士（環境部門）。元野生動物調査員。野生生物の魅力を伝えようとマンガ・イラストの執筆に取り組む。おもな著書に『わいるどらいふっ！身近な生きもの観察図鑑』（山と渓谷社）、『いきものづきあいルールブック 街から山、川、海まで知っておきたい身近な自然の法律』（誠文堂新光社）、『身近な「鳥」の生きざま事典 散歩道や通勤・通学路で見られる野鳥の不思議な生態』（SBクリエイティブ）、『ざんこく探偵の生きもの事件簿』（山と渓谷社）などがある。

監修 貝津好孝
かいつ・よしたか

福島中医学研究会会長。薬剤師、鍼灸師。1954年、福島県生まれ。東北薬科大学卒業。赤門柔整専門学校卒業。福島県伊達市で漢方薬の店を経営する。薬草だけでなく、きのこ類にも詳しい。日本冬虫夏草の会の副会長もつとめる。著書に『フィールド・ガイドシリーズ 日本の薬草』（小学館）、『便秘 イラスト・わかる漢方』（ユリシス・出版部）、『薬食同源 食品のパワーと薬効を丸ごと食べて治す』（緒方出版、共著）などがある。

監修 三田村敏正
みたむら・としまさ

水生昆虫研究家。1960年、東京都生まれ。東京農工大学農学部蚕糸生物学科卒業。トンボや水生昆虫の研究をおこない、特に東日本大震災後の福島での生きもの調査に力を尽くす。また、蚕・ヤママユなど農業関係の昆虫利用にも取り組む。著書に『繭ハンドブック』（文一総合出版）、『タガメ・ミズムシ・アメンボ ハンドブック』（同、共著）などがある。子どもたちを対象にした観察会、ウシガエルの駆除活動などにも取り組んでいる。

ブックデザイン ………………… 倉科明敏（T.デザイン室）
企画 ……………………………… 谷本雄治・渡邊 航（小峰書店）
写真(クレジットの無いもの) …… 谷本雄治／PIXTA ／写真AC ／アマナイメージズ
編集・図版／イントロ・アウトロマンガ脚本 …… 渡邊 航

これで安心！ 自然観察
ご近所のキケン動植物図鑑

NDC460　151p　29cm

2025年1月12日　第1刷発行

著　者　　　　　谷本雄治
マンガ・イラスト　一日一種
発行者　　　　　小峰広一郎
発行所　　　　　株式会社小峰書店　〒162-0066　東京都新宿区市谷台町4-15
　　　　　　　　電話 03-3357-3521　FAX 03-3357-1027
　　　　　　　　https://www.komineshoten.co.jp/
組　版　　　　　株式会社明昌堂
印　刷　　　　　株式会社三秀舎
製　本　　　　　株式会社松岳社

◎乱丁・落丁本はお取り替えいたします。
◎本書の無断での複写（コピー）、上演、放送等の二次使用、翻案等は、著作権法上の例外を除き禁じられています。
◎本書の電子データ化などの無断複製は、著作権法上の例外を除き禁じられています。
◎代行業者等の第三者による本書の電子的複製も認められておりません。

©Yuji TANIMOTO, Ichinichiissyu 2025 Printed in Japan　ISBN978-4-338-08179-5

おもな参考文献・HP

NPO法人武蔵野自然塾編『危険生物ファーストエイドハンドブック 陸編』『危険生物ファーストエイドハンドブック 海編』（文一総合出版）／羽根田治『新装版 野外毒本 被害実例から知る日本の危険生物』（山と渓谷社）／羽根田治『これで死ぬ アウトドアに行く前に知っておきたい危険の事例集』（山と渓谷社）／西海太介『危ない動植物ハンドブック』（自由国民社）／西海太介『図解 身近にあふれる「危険な生物」が3時間でわかる本』（明日香出版社）／日本自然保護協会編集・監修『野外における危険な生物』（平凡社）／篠永哲監修『知っておきたい アウトドア危険・有毒生物安全マニュアル』（学研）／ふじのくに地球環境史ミュージアム監修『子どもと一緒に覚えたい 毒生物の名前』（インプレス）／船山信次『民間薬の科学』（SBクリエイティブ）／保谷彰彦『有毒！ 注意！ 危険植物大図鑑』（あかね書房）／服部正策『奄美でハブを40年研究してきました』（新潮社）／羽根田治『人を襲うクマ 遭遇事例とその生態』（山と渓谷社）／ジェーフィッシュ『クラゲのふしぎ 海を漂う奇妙な生態』（技術評論社）／並河洋・楚山勇『クラゲガイドブック』（TBSブリタニカ）／谷本雄治『きらわれ虫の真実 なぜ、ヤツらはやってくるのか』（太郎次郎社エディタス）／谷本雄治『地味にスゴい！ 農業をささえる生きもの図鑑』（小峰書店）

厚生労働省HP「自然毒のリスクプロファイル」／国立環境研究所HP「侵入生物データベース」／アース製薬HP「キケンな虫の虫ケア図鑑」／イカリ消毒HP／みんなの農業広場HP「きょうも田畑でムシ話」（谷本雄治）／農業温暖化ネットHP「むしたちの日曜日」（谷本雄治）／ポプラ社こどもの本編集部note「じいちゃんの小さな博物記」（谷本雄治）